蔬菜病虫害诊治丛书

西瓜、甜瓜病虫害诊治图谱

李晓慧　赵卫星　高宁宁　主编

河南科学技术出版社
·郑州·

图书在版编目（CIP）数据

西瓜、甜瓜病虫害诊治图谱 / 李晓慧，赵卫星，高宁宁主编 . —郑州：河南科学技术出版社，2023.9
（蔬菜病虫害诊治丛书）
ISBN 978-7-5725-1283-4

Ⅰ. ①西… Ⅱ. ①李… ②赵… ③高… Ⅲ. ①西瓜—病虫害防治—图谱②甜瓜—病虫害防治—图谱 Ⅳ. ① S436.5-64

中国国家版本馆 CIP 数据核字 (2023) 第 154363 号

出版发行：河南科学技术出版社
地址：郑州市郑东新区祥盛街27号　　邮编：450016
电话：（0371）65737028　65788613
网址：www.hnstp.cn

策划编辑：李义坤
责任编辑：孙春会
责任校对：牛艳春
封面设计：张德琛
责任印制：张艳芳
印　　刷：河南新达彩印有限公司
经　　销：全国新华书店
开　　本：850 mm × 1 168 mm　1/32　印张：5.5　字数：140千字
版　　次：2023年9月第1版　2023年9月第1次印刷
定　　价：29. 80元

《西瓜、甜瓜病虫害诊治图谱》

编写人员

主　　编　李晓慧　赵卫星　高宁宁

副 主 编　康利允　常高正　程志强　梁　慎　朱迎春

参　　编　李海伦　王慧颖　李　海　范君龙　顾桂兰
刘俊华　张伟民　王洪庆　刘喜存　董彦琪
师晓丹　刘　宇　王　贞

前言

西瓜、甜瓜在我国果蔬生产和消费中占据重要地位，是带动农民就业增收的高效园艺作物，也是满足城乡居民生活需求的重要时令水果。随着社会和设施农业的发展，我国西瓜、甜瓜播种面积和种植结构也发生了变化，其中生态条件和种植环境的变化给西瓜、甜瓜生产也带来了新的问题，生产中防治病害、虫害及操作不规范导致的果品质量安全问题日益受到重视。如何绿色、科学、高效地防控西瓜、甜瓜病虫害成了果品安全生产的首要问题。

基于近年来河南省西瓜、甜瓜主产区常见病虫害及发生规律，本书采用图文并茂的形式，对当前生产中主要病害、生理性病害、虫害等的识别要点与防治措施进行了详细介绍。同时，本书增加了绿色防控科学用药、各类病虫害的全程防控技术等内容，希望能为基层农技人员、种植户的绿色防控提供一些参考，为西瓜、甜瓜安全绿色生产提供一些技术指导。

本书在编写过程中，针对西瓜、甜瓜常见病虫害按照分类识别、逐一诊断和全程防控进行了梳理。本书收录了西瓜、甜瓜常见的 4 类病害、4 类生理性病害、10 种虫害的相关知识，介绍了植物检疫、农业防治、生物防治、物理防治等 7 种防控理论与技术，以及推广科学用药、全程绿色防控技术体系，同时配有图片，以便农技人员、种植户参考和使用。

由于我国地域辽阔，各地生产情况、环境条件有较大差异，建议读者在应用本书中具体技术规程时结合当地实际情况先进行试验示范再推广，切忌机械地照搬本书所述。

本书在编写过程中得到了河南省各科研院所和农业推广人员的大力支持，在此表示衷心感谢。编写过程中参阅和引用了一些研究资料，向有关作者表示感谢！

由于水平有限和经验不足，书中可能会有错误和疏漏，敬请专家和读者批评指正。

编　者

2022 年 4 月

目录

第一部分
主要病害识别与防治

植物病害是由于植物受到病原生物的侵染，导致寄主植物细胞和组织的正常生理功能受到严重的影响，并引起病变症状，按引起病害的病原菌不同可分为4类。西瓜、甜瓜真菌性病害主要包括猝倒病、立枯病、枯萎病、根腐病、蔓枯病、菌核病、叶枯病、炭疽病、黑星病、疫病、白粉病、霜霉病等；细菌性病害主要包括细菌性果腐病、溃疡病、缘枯病、细菌性角斑病等；病毒病的主要类型包括花叶病毒病、绿斑驳花叶病毒病、褪绿黄化病毒病、坏死斑点病毒病、皱缩卷叶型病毒病等；引起根结线虫病的线虫种类主要包括南方根结线虫、北方根结线虫、花生根结线虫等。病虫害种类繁多，危害严重，已成为制约我国西瓜、甜瓜产业健康发展的重要因素之一。

一 真菌性病害

1.猝倒病

【症状】

常发生在幼苗出土后、真叶尚未展开前，近土面的胚茎基部开始有黄色水渍状病斑，随后变为黄褐色，干枯后收缩成线状，子叶尚未凋萎，幼苗猝倒；在苗床上发病，先出现个别病苗，几天后便会出现大面积幼苗猝倒，湿度大时，病部及地表会出现一层白色絮状菌丝体；开始时往往仅个别幼苗发病，条件适合时以这些病株为中心，迅速向四周扩展蔓延，形成一块一块的病区。如图1-1所示。

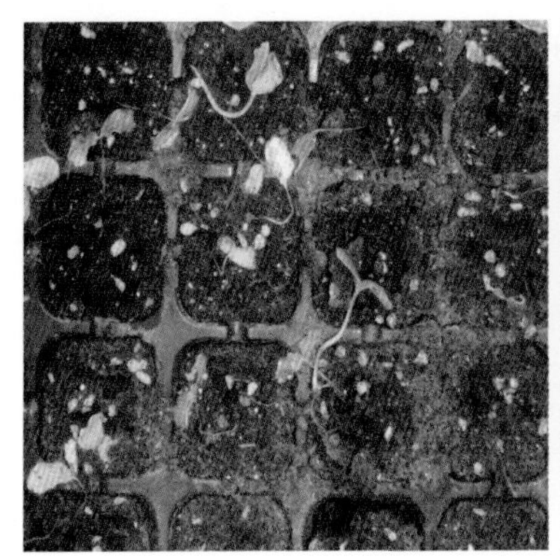

图1-1　猝倒病

【发生规律】

该病主要由鞭毛菌亚门的腐霉菌侵染所致。病菌以卵孢子随病残体在土壤中越冬，条件适宜时卵孢子萌发，产生芽管，直接侵入幼芽，或芽管顶端膨大后形成孢子囊，以游动孢子借雨水或灌溉水传播到幼苗上，从幼苗茎基部侵入。当苗床温度低，幼苗生长缓慢，再遇高湿条件，特别是在局部有滴水时，很易发病。尤其苗期遇连续阴雨雾天，光照不足，幼苗生长衰弱，发病更重。病菌主要靠雨水、喷淋而传播，在土温15~16 ℃时繁殖最快，光照不足、播种过密、幼苗徒长时发病较重，浇水后积水处或薄膜滴水处最易成为发病中心。

【防治方法】

选择地势高、地下水位低、排水良好、避风向阳的地方育苗；苗期喷施500~1 000倍磷酸二氢钾，提高抗病能力；适量放风，避免低温高湿条件出现，不要在阴雨天浇水，使用无滴膜；用肥沃、疏松、无病的新床土，若用旧床土则必须先进行土壤处理；播种均匀而不过密，盖土不宜太厚；床土湿度大时，撒干细土降湿；做好苗床保温工作的同时，多透光、适量通风换气。

发病初期可选用72.2%霜霉威盐酸盐水剂400倍液，或58%甲霜·锰锌可湿性粉剂500倍液，或38%噁霜·菌酯水剂800倍液，或72%霜脲·锰锌可湿性粉剂600倍液，或69%烯酰·锰锌可湿性粉剂或水分散粒剂800倍液，或62.5克/升精甲霜灵·咯菌腈水剂进行防治，一般防治1~2次，间隔7~10天。为减少苗床湿度，应在上午喷药。

2.立枯病

【症状】

多发生在育苗的中、后期。主要为害幼苗茎基部或地下根部，初为椭圆形或不规则形状暗褐色病斑，病苗早期白天萎蔫，夜间恢复，病部逐渐凹陷、缢缩，有的渐变为黑褐色；当病斑扩大绕茎一周时，病苗干枯死亡，但不倒伏，可区别于猝倒病。轻病株仅见褐色凹陷病斑而不枯死。苗床湿度大时，病部可见不甚明显的淡褐色蛛丝状物。如图1–2所示。

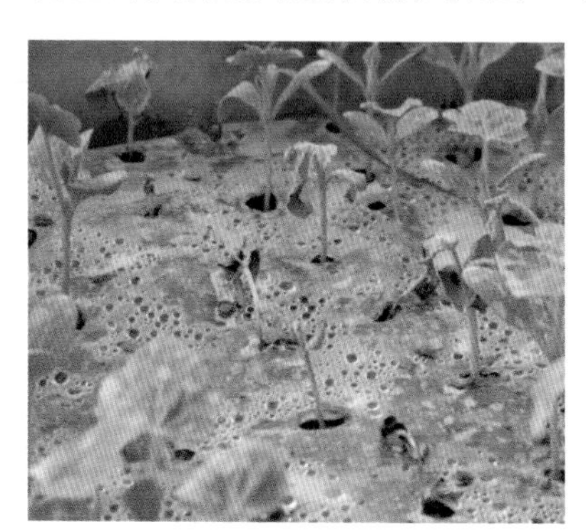
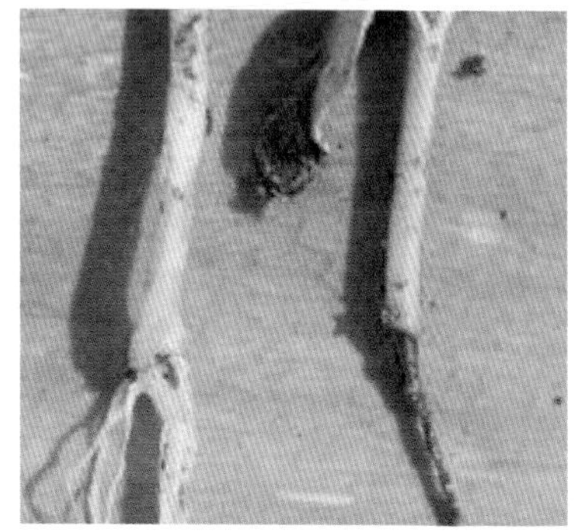

图1–2　立枯病

【发生规律】

病原为立枯丝核菌，属半知菌亚门真菌。病菌以菌丝和菌核在土壤或寄主病残体上越冬，可在土壤中存活两三年；混有病残体的未腐熟的堆肥，以及在其他寄主植物上越冬的菌丝体和菌核，均可成为病菌的初侵染源；病菌通过雨水、流水、沾有带菌土壤的农具以及带菌的堆肥传播病菌，从幼苗茎基部或根部伤口侵入，也可穿透寄主表皮直接侵入。病菌生长适温为17~28 ℃，苗床温度较高，幼苗徒长，土壤湿度偏高，土质黏重，排水不良，光照不足，播种过密，间苗不及时等，均易发病。

【防治方法】

选用无病菌新土配营养土或严格消毒的基质育苗；适期播种，一般以5厘米地温稳定在12~15 ℃时开始播种为宜；出苗后及时剔除病苗；灌水后应中耕破除板结，以提高地温，使土质疏松通气。

苗床土壤处理。可用38%噁霜·菌酯，每亩用量25~50毫升，均匀喷施于苗床。

种子处理。可用干种子重量的0.2%~0.3%的拌种双、敌克松、苗病净等拌种。

发病初期可喷洒38%噁霜·菌酯800倍液，或41%聚砹·嘧霉胺600倍液，或20%甲基立枯磷乳油1 200倍液，或72.2%霜霉威盐酸盐水剂800倍液，隔7~10天喷1次；或定植时用62.5克/升精甲霜灵·咯菌腈水剂灌根。

3.枯萎病

【症状】

全生育期都可发病。苗期染病，根部变成黄白色，须根少，子叶枯萎，真叶皱缩、枯萎发黄，茎基部变成淡黄色倒伏枯死，剖茎可见维管束变黄。成株期发病，病株生长缓慢，须根小。初期叶片由下向上逐渐萎蔫，似缺水状，早、晚可恢复，几天后全株叶片枯死。发病严重时，茎蔓基部缢缩，呈锈褐色水渍状，空

气湿度高时病茎上可出现水渍状条斑，或出现琥珀色流胶，病部表面产生粉红色霉层。剖开根或茎蔓，可见维管束变褐。如图1–3所示。

【发生规律】

病原菌为尖镰孢菌黄瓜专化型，属半知菌亚门真菌。

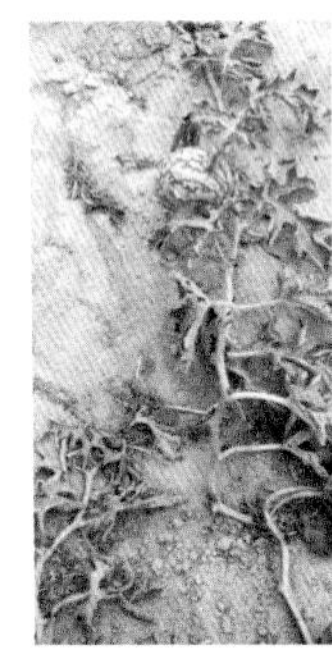

图1–3　枯萎病

病菌主要以菌丝、厚垣孢子在土壤中或病残体上越冬，在土壤中可存活6~10年，可通过种子、土壤、肥料、灌溉水、昆虫进行传播。发病适宜土温为25 ℃，低于15 ℃或高于35 ℃时病害受抑制，空气相对湿度90%以上易发病，以开花、抽蔓到结果期发病最重。该病为土传病害，发病程度取决于土壤中的可侵染菌量，有机肥不腐熟、土壤过分干旱或质地黏重的酸性土是引起该病发生的主要条件。一般连茬种植，地下害虫多，管理粗放或潮湿等，病害发生严重。

【防治方法】

与其他作物轮作，旱地轮作3~5年，或与水稻轮作1年以上；

酸性土壤要多施石灰，以改良土壤；施用充分腐熟肥料，减少根系伤口；避免大水漫灌，适当多中耕，提高土壤透气性；生长期间，发现病株应立即拔除；及时清除田间茎叶及病残烂果。

嫁接防病。用南瓜砧木嫁接栽培，可以减轻病害。

种子处理。用1%福尔马林药液浸种20~30分钟；或用2%~4%漂白粉液浸种30~60分钟，捞出后冲净催芽；或用种子重量的0.6%~0.8%的2.5%咯菌腈悬浮剂拌种；也可采用高温干热消毒法，把相对干燥的种子放在75 ℃恒温箱中处理72小时。

苗床处理。用64%噁霉灵可湿性粉剂1克/米^{2}兑细沙1千克，在播种后均匀撒入苗床做盖土，或用64%噁霉灵可湿性粉剂1 000倍液对苗床进行喷施。整地或播种时用50%多菌灵可湿性粉剂1~2克/米^2+50%福美双可湿性粉剂1.5~2克/米^2，与细土按1∶100的比例配成药土后撒施于床面。

发病初期可选用54.5%噁霉灵·福美双可湿性粉剂700倍液，或80%多菌灵·福美双·福美锌可湿性粉剂700倍液，或60%甲基硫菌灵·福美双可湿性粉剂800倍液，或70%噁霉灵可湿性粉剂2 000倍液，或70%福美双·甲霜灵·硫黄可湿性粉剂800~1 000倍液，或4%嘧啶核苷类抗菌素水剂600~800倍液，或5%水杨菌胺可湿性粉剂300~500倍液，或1%申嗪霉素+70%敌克松800倍液兑水灌根，每株400~500毫升，隔10天后再灌1次。也可用70%敌克松可湿性粉剂与面粉按1∶20的比例配成糊状，涂于病株茎基部。

4.根腐病

【症状】

可分为腐霉根腐病和疫霉根腐病两种。腐霉根腐病主要侵染根及茎部，初呈现水浸状，茎缢缩不明显，病部腐烂处的维管束变褐，不向上发展，有别于枯萎病；后期病部往往变糟，留下丝状维管束；病株地上部初期症状不明显，后叶片中午萎蔫，早、晚尚能恢复，严重的则多数不能恢复而枯死。如图1–4所示。疫霉根腐病发病初期于茎基或根部产生褐斑，严重时病斑绕茎基部或根部一周，纵剖茎基或根部维管束不变色，不长新根，致地上部逐渐枯萎而死；病株地上部初期症状不明显，后叶片中午萎蔫，早、晚尚能恢复。如图1–4、图1–5所示。

图1–4　腐霉根腐病

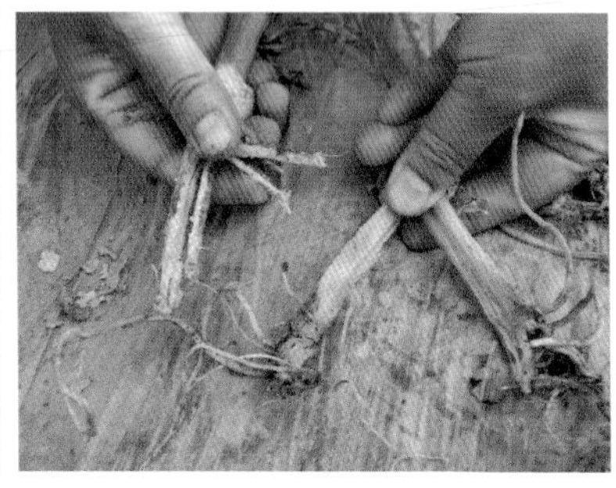

图1–5　疫霉根腐病

【发生规律】

腐霉根腐病和疫霉根腐病分别由半知菌亚门的瓜类腐皮镰孢菌和鞭毛菌亚门的寄生疫霉真菌引起。病菌以菌丝体、厚垣孢子或菌核在土壤中或病残体中越冬。其中厚垣孢子可在土中存活5、6年，甚至长达10年，成为主要侵染源，病菌从根部伤口侵入，后在病部产生分生孢子，借雨水或灌溉水传播蔓延，进行再侵染；高温、高湿、地势低洼、土壤黏重、排水不良、田间积水、连作及棚内滴水漏水、植株根部受伤的田块发病严重。

【防治方法】

与水稻进行水旱轮作，或与葱、蒜等蔬菜实行2年以上轮作；保护地避免连茬，以降低土壤含菌量；及时拔除病株，并在根穴里撒熟石灰；采用高畦栽培，防止大水漫灌，雨后排除积水；进行浅中耕，保持底墒和土表干燥。

土壤消毒。可用70%甲基硫菌灵可湿性粉剂1.5~2千克/亩+70%敌磺钠可溶性粉剂2~3千克/亩，或50%多菌灵可湿性粉剂1.5~2千克/亩+50%福美双可湿性粉剂2~3千克/亩，按1：50比例与土配制成药土，撒在定植穴中；或用20%甲基立枯磷乳油800倍液灌根，每株灌250毫升；重茬严重的地块，结合整地，每亩可施入熟石灰80~100千克。

发病初期，可选用5%丙烯酸·噁霉灵·甲霜灵水剂800~1 000倍液，或80%多菌灵·福美双·福美锌可湿性粉剂500~700倍液，或68%噁霉灵·福美双可湿性粉剂800~1 000倍液，或20%二氯异氰尿酸钠可溶性粉剂400~600倍液，或70%福美双·甲霜灵·硫黄可湿性粉剂800~1 000倍液，或10%多抗霉素可湿性粉剂600~1 000倍液，兑水灌根，每株灌250毫升，间隔7~10天1次。

5.蔓枯病

【症状】

一般为害主蔓和侧蔓，有时也为害叶柄、叶片。叶片受害初期在叶缘出现黄褐色V形病斑，具有不明显轮纹，后整个叶片枯死；叶柄受害初期出现黄褐色椭圆形或条形病斑，密生小黑点，常流胶，后病部逐渐萎缩，病部以上枝叶枯死；果实染病，病斑圆形，初亦呈油渍状，浅褐色，略下陷，后变为苍白色，斑上生有很多小黑点，同时出现不规则圆形龟裂斑，湿度大时，病斑不断扩大并腐烂。如图1-6所示。

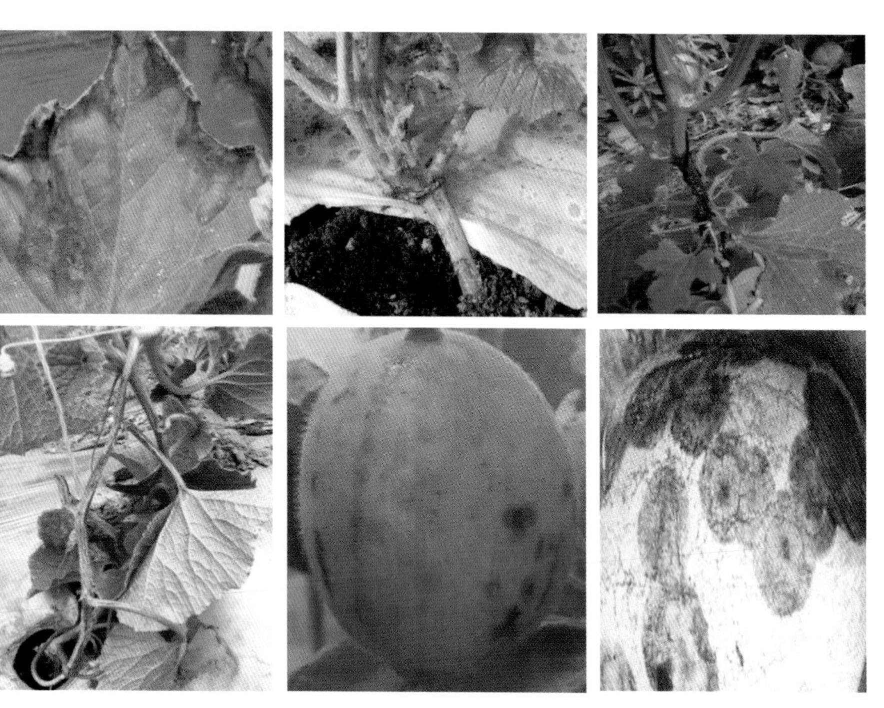

图1-6　蔓枯病

【发生规律】

由半知菌亚门的瓜类球腔菌引起。病菌发病温度范围为5~35 ℃，最适合发病条件为22~26 ℃，相对湿度85%以上。病菌以分生孢子器及子囊壳随病残体在土壤中越冬，也可附着在种子上，翌年产生分生孢子及子囊壳，借风雨传播，从植株伤口、气孔或水孔侵入，7~10天后发病，病斑上产生的分生孢子继续传播，再侵染，高温多雨季节发病迅速。连作地、排水不良、通风透光不足、偏施氮肥、土壤湿度大或田间积水易发病。

【防治方法】

与非瓜类作物实行2~3年轮作；清除病残落叶，适当增施有机肥，适当增施磷、钾肥；全地面地膜覆盖，膜下滴灌，适时浇水、施肥，避免田间积水，保护地浇水后增强通风；发病后打老叶并去除多余的叶和蔓，以利于植株间通风透光；避免大水漫灌。

种子处理。可用55 ℃温水浸种20分钟，或用50%福美双可湿性粉剂按种子重量的0.3%拌种，也可采用2.5%咯菌腈悬浮种衣剂按种子重量的0.3%进行种子包衣。

发病初期，可采用40%氟硅唑乳油3 000~5 000倍液+65%代森锌可湿性粉剂600倍液，或325克/升苯醚甲环唑·嘧菌酯悬浮剂1 500~2 500倍液，或10%苯醚甲环唑水分散粒剂1 500倍液+25%嘧菌酯悬浮剂1 500倍液，或30%琥胶肥酸铜可湿性粉剂500~800倍液+70%代森联干悬浮剂700倍液喷雾，隔7~10天防治1次。病害严重时，可用上述药剂使用量加倍后涂抹病部。

6.菌核病

【症状】

在西瓜整个生育期地上部分均可发生。发病初期茎蔓上有水浸状斑点，后变为浅褐色至褐色，当病斑环绕茎蔓1周以后，受害部位以上茎蔓和叶片失水萎蔫，最后枯死。湿度大时，病部变软，表面长出白色絮状霉层，后期病部产生鼠粪状黑色菌核。果实发病多在脐部，受害部位初呈褐色、水浸状软腐，不断向果柄扩展，病部产生棉絮状菌丝体，果实腐烂，最后在病部产生菌核。如图1-7所示。

【发生规律】

由子囊菌亚门的核盘菌引起。病菌以菌核、菌丝体随植物病

图1-7　菌核病

残组织在地表、土壤及棚架上越冬、越夏。气候条件适宜时，菌核萌发形成子囊盘并释放子囊孢子，借助风、雨、灌溉水传播蔓延，主要侵染花瓣。菌核也可以生长菌丝，直接侵染叶片和茎基部。温度15~30 ℃菌核都能萌发，以20~25 ℃最适宜，空气相对湿度大于85%易发病；连作、氮肥过量、地势低洼、植株郁蔽及棚膜破漏处容易发病。

【防治方法】

与非瓜类作物实行2~3年轮作；施足基肥，以鸡粪、饼肥、优质复合肥为主，平衡配方施肥；干旱灌水时浇灌根际周围，切忌大水漫灌；及时整枝打杈，清理病残体；田间发现少量病株后及时摘除发病枝病叶。

种子处理。用75%百菌清可湿性粉剂或50%异菌脲可湿性粉剂1 000倍液浸种2小时，冲净后催芽播种。

育苗床土消毒。用70%敌磺钠原粉1 000倍液，或70%噁霉灵可湿性粉剂700毫克的药液，每平方米床面浇灌4~5千克消毒。

发病初期，棚室内可用45%百菌清烟剂或20%异菌脲烟剂熏烟防治，每棚室用药0.2千克，8~10天熏烟1次，连熏2~3次。也可用40%嘧霉胺悬浮剂800~1 000倍液，或70%甲基硫菌灵可湿性粉剂800倍液，或50%异菌脲可湿性粉剂1 000~1 500倍液，或40%菌核净可湿性粉剂1 000~1 200倍液喷雾，7天左右喷1次，连喷2~3次。

7.叶枯病

【症状】

全生育期均可发病，中后期发病重，主要为害叶片和果实。叶片染病，会出现褐色小斑，四周有黄色晕圈，多在叶脉间或叶缘出现，近圆形，病斑很快连在一起造成大片叶片枯死。果实染病，会在果实上生有四周稍隆起的圆形褐色凹陷斑，可引起果实腐烂。湿度大时，病部长出灰黑色至黑色霉层。如图1-8所示。

图1-8　叶枯病

【发生规律】

病原为半知菌亚门的瓜交链孢真菌。病菌以菌丝体和分生孢子在病残体上及病组织外越冬，此外，种子内、外也可带菌，生长期间病菌通过风雨传播，进行多次重复再侵染；该菌对温湿度要求不严格，气温14~36 ℃、相对湿度高于80%均可发病；雨日多、雨量大、相对湿度高时易流行，致使叶片大量死亡，严重影响产量。偏施或重施氮肥、土壤瘠薄、低洼积水、管理粗放、田间郁闭、通透性差、植株抗病力弱时，发病重。

【防治方法】

清除病残体，集中深埋或烧毁，减少病菌源；采用配方施肥，避免偏施、过施氮肥。

种子处理。用55 ℃温水进行温烫浸种，再用50%多菌灵可湿性粉剂800~1 000倍液浸种2小时后播种；也可用40%拌种双可湿性粉剂+50%异菌脲悬浮剂，按种子重量的0.3%拌种。

发病初期，可采用20%唑菌胺酯水分散粒剂1 000~1 500倍液，或25%溴菌腈可湿性粉剂500~1 000倍液+70%代森锰锌可湿性粉剂700倍液，或10%苯醚甲环唑水分散粒剂1 000倍液+75%百菌清可湿性粉剂600~800倍液，或50%异菌脲悬浮剂1 000~2 000倍液喷雾，隔7~10天防治1次。保护地可采用45%百菌清烟剂200克/亩进行烟熏，隔7天熏1次。

8.炭疽病

【症状】

此病全生育期都可发生，可为害叶片、叶柄、茎蔓和果实。苗期发病，子叶或真叶上出现圆形褐色病斑，边缘有浅绿色晕环；嫩茎染病，病部黑褐色，及至半圆形缢缩，幼苗猝倒；成株期发病，叶片上初为圆形或纺锤形水渍状斑，后干枯呈黑色，边缘有紫黑色晕圈，有时有轮纹，干燥时叶片易穿孔。空气潮湿，病斑表面生出粉红色小点；叶柄或茎蔓病斑呈水渍状，淡黄色长圆形，稍凹陷，后变黑色，环绕茎蔓一周全株即枯死；果实染病，初呈水渍状暗绿色凹陷斑，凹陷处常龟裂，潮湿时在病斑中部产生粉红色黏稠物。如图1-9所示。

图1-9　炭疽病

【发生规律】

病原菌属半知菌亚门葫芦科刺盘孢真菌。病菌主要以菌丝体及拟菌核随病残体在土壤中越冬，也可潜伏在种子上越冬；翌年菌丝体产生分生孢子借雨水飞散，形成再侵染源。气温20~24 ℃，棚室相对湿度90%~95%时，最适宜发病；长期多阴雨，地块低洼积水，或棚室内温暖潮湿，重茬种植，过多施用氮肥，排水不良，通风透光差，植株生长衰弱等，均有利于发病。

【防治方法】

施用充分腐熟的有机肥，采用高垄或高畦地膜覆盖栽培，采用膜下滴灌灌水，适时浇水施肥，避免雨后田间积水，保护地在发病期适当增加通风时间，等等。

种子处理。用55 ℃温水浸种20~30分钟，再用30%苯噻硫氰乳油1 000倍液浸种5小时。或用6%氯苯嘧啶醇可湿性粉剂，或50%敌菌灵可湿性粉剂，或70%甲基硫菌灵可湿性粉剂，或25%溴菌腈可湿性粉剂，或50%福美双·异菌脲可湿性粉剂拌种。

发病初期，选用25%嘧菌酯悬浮剂1 500~2 000倍液，或30%苯噻硫氰乳油1 000~1 500倍液，或25%溴菌腈可湿性粉剂500倍液，或40%腈菌唑水分散粒剂4 000~6 000倍液+70%代森锰锌可湿性粉剂600~800倍液，或10%苯醚甲环唑水分散粒剂1 500倍液+22.7%二氰蒽醌悬浮剂1 500倍液，或75%肟菌酯·戊唑醇水分散粒剂2 000~3 000倍液兑水喷雾，隔7~10天1次。保护地发病前期可用45%百菌清烟剂200~250克/亩进行烟熏，隔7天1次，连熏4~5次。

9.黑星病

【症状】

全生育期均可发病，主要为害叶片、果实。叶面呈现近圆形褪绿小斑点，进而扩大为淡黄色病斑，边缘呈星纹状，干枯后呈黄白色，后期形成边缘有黄晕的星状孔洞；茎蔓初现狭长的褐色凹陷病痕，病痕扩展茎蔓可能枯死；果实上病斑圆形，呈水浸状，褐色至黑褐色，凹陷，其上有许多小黑点，呈环状排列，并有粉红色黏状物。果实多呈畸形或坐果变黑、皱缩腐烂。如图1–10所示。

图1-10　黑星病

【发生规律】

病原菌属半知菌亚门瓜枝孢霉属真菌。病菌主要以菌丝体或分生孢子丛在种子或病残体上越冬。翌年春分生孢子萌发，靠雨水、气流和农事操作传播。病菌从叶片、果实、茎表皮直接侵入，或从气孔和伤口侵入。在相对湿度93%以上，温度15~30℃，植株叶面结露时，该病容易发生和流行。

【防治方法】

采用测土配方施肥技术，适当增施磷钾肥；清除田间病残体，通过控制灌水等措施降低湿度，减少叶面结露。

种子处理。用50%多菌灵可湿性粉剂500倍液浸种20分钟后冲净再催芽，或用冰乙酸100倍液浸种30分钟。

发病初期，可采用70%甲基硫菌灵可湿性粉剂800~1 000倍液+75%百菌清可湿性粉剂600~800倍液，或62.25%腈菌唑·代森锰锌可湿性粉剂1 000~1 500倍液，或10%苯醚甲环唑水分散粒剂2 500倍液+80%全络合态代森锰锌可湿性粉剂800~1 000倍液，或40%氟硅唑乳油3 000~4 000倍液+75%百菌清可湿性粉剂600~800倍液喷雾，间隔7~10天1次。

10.疫病

【症状】

全生育期均可发病，主要为害叶、茎及果实。子叶先出现水浸状暗绿色圆形病斑，中央逐渐变成红褐色。近地面茎基部呈现暗绿色水浸状的软腐，后缢缩或枯死。真叶染病，初生暗绿色水渍状病斑，迅速扩展为圆形或不规则形大斑，湿度大时，腐烂处像被开水烫过，干后为淡褐色，干枯易破碎。茎基部和叶柄染病，呈现纺锤形水渍状暗绿色病斑，病部明显缢缩。果实染病，形成暗绿色圆形水渍状凹陷斑，潮湿时迅速扩及全果，导致果实腐烂，表面密生白色菌丝。如图1-11所示。

图1-11　疫病

【发生规律】

病原菌属鞭毛菌亚门瓜疫霉真菌。病菌以卵孢子及菌丝体在土壤中或粪肥里越冬，随气流、雨水或灌溉水传播，种子虽可带菌，但带菌率不高。发病适温为20~30 ℃，低于15 ℃时病情发展受到抑制。从毛孔、细胞间隙侵入。在气温适宜的条件下，雨季来得早晚、降雨量及降雨天数的多少，是发病和流行程度的决定因素。多雨、高湿利于发病。生长期多雨、排水不良、空气潮湿发病重。大雨、暴雨或大水漫灌后病害发展蔓延迅速。土壤黏重、植株茂密、田间通风不良时发病较重。

【防治方法】

与非瓜类作物轮作3年以上；采用深沟高畦或高垄种植，雨后及时排水；施足底肥，增施腐熟的有机肥。

种子处理。播前用55 ℃温水浸种15分钟，再用50%福美双可湿性粉剂500倍液浸种6小时；或用72%霜脲氰·代森锰锌可湿性粉剂500倍液浸种1小时；或用72.2%霜霉威盐酸盐水剂800倍液浸种1小时，然后再清水浸种6~8小时，再催芽播种。

发病初期，可采用560克/升嘧菌酯·百菌清悬浮剂2 000~3 000倍液，或30%烯酰吗啉·甲霜灵水分散粒剂1 500~2 000倍液，或50%烯酰吗啉可湿性粉剂600~800倍液+70%代森锰锌可湿性粉剂600~800倍液，或18%霜脲氰·百菌清悬浮剂1 000~1 500倍液，或76%丙森锌·霜脲氰可湿性粉剂1 000~1 500倍液喷雾，视病情隔7~10天1次。保护地可采用15%百菌清·烯酰吗啉烟剂每100立方米空间用药25~40克熏烟，或用10%百菌清烟剂每100立方米空间用药45克熏烟，隔7天熏1次。

11.白粉病

【症状】

全生育期均可发病，可为害叶片、叶柄、茎部，其中叶片和茎部发病最为严重。初期叶面或叶背产生白色近圆形星状小粉点，后向四周扩展成边缘不明显的连片白粉，上面布满白色粉末状霉层；发病后期，白色霉层变为灰色，病叶枯黄、卷、缩，一般不脱落。当环境条件不利于病菌繁殖或寄主衰老时，病斑上出现成堆的黄褐色的小粒点，后变黑色。如图1–12所示。

图1–12 白粉病

【发生规律】

病原菌属子囊菌亚门瓜类单丝壳白粉菌。病菌以菌丝体和分生孢子在病株上越冬，并不断进行再侵染，随雨水、气流传播，不断重复侵染。该病对温度要求不严格，但湿度在80%以上时最易发病。在多雨季节或雾浓露重的条件下，病害可迅速蔓延，一般10~15天后可普遍发病。田间高温干旱能抑制该病的发生，病害发展缓慢。在管理粗放、偏施氮肥、灌溉不及时、植株徒长、枝叶郁闭、通透性差的田间，该病最易流行。

【防治方法】

避免过量施用氮肥，增施磷钾肥；实行轮作，加强管理，清除病残组织。

设施消毒。种植前，按每100立方米空间用硫黄粉250克、锯末500克或45%百菌清烟剂250克用量，分放几处点燃，密闭棚室，熏蒸一夜，杀灭病菌。

田间发病前，结合其他病害的防治，可采用25%嘧菌酯悬浮剂1 000~2 000倍液，或70%丙森锌可湿性粉剂800倍液，或2%嘧啶核苷类抗菌素水剂150~300倍液+70%代森联干悬浮剂600~800倍液，或2%武夷菌素水剂300倍液+70%代森联干悬浮剂600~800倍液，或70%硫黄·甲基硫菌灵可湿性粉剂800~1 000倍液，或30%氟菌唑可湿性粉剂2 500~3 500倍液，或20%烯肟菌胺·戊唑醇悬浮剂3 000~4 000倍液喷雾，隔5~10天 1 次。

12.霜霉病

【症状】

全生育期均可发病，主要为害叶片。叶片上出现水渍状褪绿小点，后发展为黄色小斑，扩大后因受叶脉限制而呈多角形黄褐色病斑，潮湿时叶背病斑处长出紫黑色霉状物；病害严重时，叶片干枯卷缩。如图1-13所示。

图1-13 霜霉病

【发生规律】

病原菌属鞭毛菌亚门古巴假霜霉真菌。病菌主要靠气流传播，从叶片气孔侵入。霜霉病的发生与植株周围的温湿度关系非常密切，病害在田间发生的气温为16 ℃，适宜流行的气温为20~24 ℃。孢子囊萌发要求有水滴，当日平均气温在16 ℃时，病害开始发生，日平均气温在18~24 ℃，相对湿度在80%以上时，病害迅速扩展。叶面有水膜时容易侵入。在湿度高、温度较低、通风不良时很易发生，且发展很快。

【防治方法】

选择地势较高、排水良好的地块种植；施足基肥，合理追施氮、磷、钾肥，生长期不要过多地追施氮肥。

高温闷棚。选择晴天，处理前要求棚内土壤湿度适中，必要时可在前一天灌水1次，密闭大棚，使棚内温度上升至44~46 ℃，以瓜秧顶端温度为准，切忌温度过高（超过48 ℃，植株易受损伤），维持2小时后，开始放风。

病害发生初期，可采用687.5克/升霜霉威盐酸盐·氟吡菌胺悬浮剂800~1 200倍液，或66.8%丙森锌·异丙菌胺可湿性粉剂600~800倍液，或84.51%霜霉威乙膦酸盐可溶性水剂600~1 000倍液，或70%甲呋酰胺·代森锰锌可湿性粉剂600~1 000倍液，或69%代森锰锌·烯酰吗啉可湿性粉剂1 000~1 500倍液，或25%烯肟菌酯乳油2 000~3 000倍液+75%百菌清可湿性粉剂600~800倍液喷雾，隔5~7天1次。保护地栽培，可用45%百菌清烟剂200克/亩，或15%百菌清·甲霜灵烟剂250克/亩，按包装分放5~6处熏烟，6~7天1次；也可采用5%百菌清粉尘剂1千克/亩，或7%百菌清·甲霜灵粉尘剂1千克/亩喷粉，隔7天喷1次。

13.灰霉病

【症状】

全生育期均可发病，中后期发病较重。可侵染叶片、茎蔓、花和果实，以果实受害为主。从叶缘或叶尖侵入，呈“V”形、半圆形至不规则形的水渍状病斑，具轮纹，后变成红褐色至灰褐色，潮湿时，病部长出茂密的灰色霉层；茎蔓受害腐烂并出现霉层，附蔓枯死；病菌从凋萎的残花侵入，初期花瓣呈水渍状，后变软腐烂，并生出灰褐色霉层，使花瓣腐烂、萎蔫、脱落；幼瓜受害部位先变软腐烂，后着生大量灰色霉层。如图1–14所示。

图1–14　灰霉病

【发生规律】

病原菌属半知菌亚门灰葡萄孢真菌，以菌核、分生孢子或菌丝在土壤内及病残体上越冬。分生孢子借气流、浇水或农事操作传播。病菌生长适宜温度为18~24 ℃，发病温度为4~32 ℃，最适温度为22~24 ℃，空气湿度达90%以上，植株表面结露易诱发此病。

【防治方法】

采用高垄地膜覆盖和搭架栽培，配合滴灌、管灌等节水措施。及时清除下部败花和老黄脚叶，发现病瓜后小心摘除，放入塑料袋内并带到棚室外妥善处理。

土壤消毒。每平方米育苗床或定植穴用70%敌磺钠原粉1 000倍液4~5千克浇灌；用百菌清烟剂或异菌脲烟剂熏棚，每个大棚用药0.25千克，每隔8~10天熏1次，连熏2~3次。

发病初期，可用50%烟酰胺水分散粒剂1 500~2 000倍液+75%百菌清可湿性粉剂600~800倍液，或50%嘧菌环胺水分散粒剂1 500倍液+70%代森锰锌可湿性粉剂800倍液，或2%丙烷脒水剂1 000~1 500倍液+2.5%咯菌腈悬浮种衣剂1 000~1 500倍液，或30%福美双·嘧霉胺可湿性粉剂800~1 000倍液+75%百菌清可湿性粉剂600~800倍液兑水喷雾，间隔7~10天1次。

14.瓜笄霉果腐病

【症状】

以坐果期发病为主，主要为害花和幼瓜。发病后花器枯萎，有时呈湿腐状，上生一层白霉，梗端着生头状黑色孢子，扩展后蔓延到幼果，引起果腐。其与灰霉病的区别为病部腐烂发生不限于在花下部。如图1-15所示。

图1-15 瓜笄霉果腐病

【发生规律】

病原主要以菌丝体随病残体或产生接合孢子留在土壤中越冬。第2年春天侵染瓜类作物的花和幼瓜，发病后病部长出大量孢子，从伤口侵入生命力衰弱的花和果实。病原借风雨或昆虫传播。

【防治方法】

与非瓜类作物实行3年以上轮作；选择地势高燥地块，增施有机肥；采用高畦栽培，合理密植，注意通风，雨后及时排水，严禁大水漫灌；坐果后及时摘除残花病瓜，集中深埋或烧毁。

开花至幼果期，可用64%杀毒矾可湿性粉剂 400~500倍液，或75%百菌清可湿性粉剂600倍液，或68%精甲霜灵 · 锰锌颗粒剂300倍液，或60%防霉宝可湿性粉剂800倍液喷雾，隔10天1次，连续2~3次。

15.绵疫病

【症状】

生长中后期，果实膨大后，由于地面湿度大，靠近地面的果面由于长期受潮湿环境的影响，极易发病。果实上先出现水浸状病斑，而后软腐，湿度大时长出白色绒毛状菌丝，后期病瓜腐烂，有臭味。如图1–16所示。

图 1–16　绵疫病

【发生规律】

病原属鞭毛菌亚门果腐霉真菌，以卵孢子在土壤表层越冬，也可以以菌丝体在土中营腐生生活，温湿度适宜时卵孢子萌发或土中菌丝产生孢子囊萌发释放出游动孢子，借浇水或雨水溅射到幼瓜上引起侵染。田间高湿或积水易诱发此病。通常地势低洼、土壤黏重、地下水位高、雨后积水或浇水过多、田间湿度高等均有利于发病。结瓜后雨水较多的年份，以及田间积水的情况下发病较重。

【防治方法】

与禾本科作物轮作3~4年；施用充分腐熟的有机肥；采用高畦栽培，避免大水漫灌，大雨后及时排水，必要时可把瓜垫起。

发病初期，可采用60%吡唑醚菌酯·代森锰锌水分散粒剂1 000~2 000倍液，或250克/升双炔酰菌胺悬浮剂1 500~2 000倍液，或500克/升氟啶胺悬浮剂2 000~3 000倍液，或50%代森锰锌·氟吗啉可湿性粉剂1 000~1 500倍液，或440克/升精甲霜灵·百菌清悬浮剂1 000~2 000倍液喷雾，间隔5~7天1次。

16.褐腐病

【症状】

主要发生在子叶、真叶及运输贮藏期的果实上。叶片染病，初生水渍状小褐点，后扩展成不规则形浅褐色或褐色斑，病斑融合成大斑时，叶片干枯。运输贮藏期的果实染病，可见果实上出现不明显的暗褐色病变，仔细观察可见疣状小黑点，剖开病瓜可见皮下褐变。如图1–17所示。

【发生规律】

病原属半知菌亚门蒂腐色二孢真菌，以分生孢子器随病残体在土壤中或田间草丛中越冬，翌年条件适宜时，从分生孢子器内

图1-17　褐腐病

释放出分生孢子，并通过风、雨传播到西瓜叶片上，病菌萌发侵入西瓜叶片后引起初侵染和再侵染。植株受冻或缺肥及运输贮藏过程中果皮擦伤易诱发此病。

【防治方法】

施用充分腐熟有机肥，采用配方施肥技术，减少化肥施用量；前茬收获后及时翻地，雨后及时排水。

在发病初期，喷洒50%甲基硫菌灵可湿性粉剂800倍液，或36%甲基硫菌灵悬浮剂400~500倍液，或77%可杀得可湿性微粒粉剂500倍液，或687.5克/升霜霉威盐酸盐·氟吡菌胺悬浮剂800~1 200倍液，或66.8%丙森锌·异丙菌胺可湿性粉剂600~800倍液，或57%烯酰吗啉·丙森锌水分散粒剂2 000~3 000倍液，或76%丙森锌·霜脲氰可湿性粉剂1 000~1 500倍液，视病情隔7~10天1次。保护地可用45%百菌清烟剂200~250克/亩烟熏，间隔7天熏1次。

17.白绢病

【症状】

主要为害近地面的叶柄、茎蔓、果实。叶柄、茎基部或贴近地面茎蔓发病时初呈暗褐色，其上长出白色辐射状菌丝体；果实发病，病部变褐，边缘明显，病部亦长出白色绢丝状菌丝，菌丝向果实靠近地面的表面蔓延，后期病部产生茶褐色萝卜籽状小菌核，湿度大时病部腐烂。如图1-18所示。

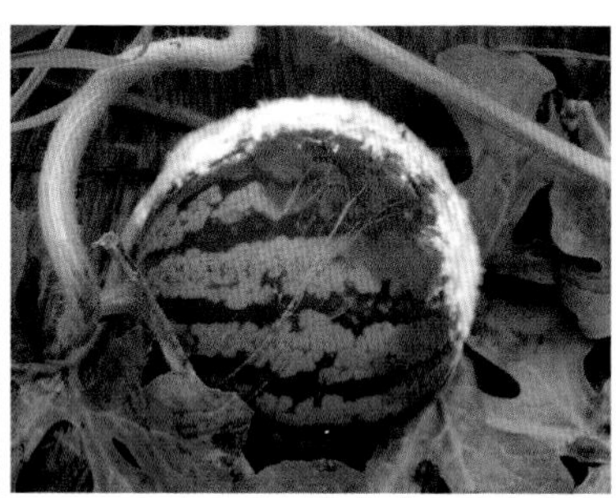

图1-18 白绢病

【发生规律】

病原菌属半知菌亚门齐整小核菌真菌，以菌核或菌丝体在土壤中越冬，条件适宜时菌核萌发产生菌丝，从植株茎基部或根部侵入，潜育期3~10天，出现中心病株后，地表菌丝向四周蔓延。高温或时晴时雨天气利于菌核萌发。连作地、酸性土或砂性地发病重。

【防治方法】

加强栽培管理，发现病株及时拔除、集中销毁；调节土壤酸碱度，调到中性为宜；大量施用充分腐熟有机肥。

在发病前或发病初期，可采用15%混合氨基酸铜、锌、锰、镁水剂300~500倍液，或23%络氨铜水剂300~500倍液，或10%苯醚甲环唑水分散粒剂1 500~2 000倍液，或40%氟硅唑乳油4 000~6 000倍液，或23%噻氟菌胺悬浮剂2 000~3 000倍液，或50%异菌脲可湿性粉剂1 000~1 500倍液+70%敌磺钠可溶性粉剂800倍液，或70%甲基硫菌灵可湿性粉剂500~800倍液+50%福美双可湿性粉剂600~800倍液喷雾，间隔7~10天1次；或用50%甲基立枯磷可湿性粉剂500克/亩兑细土50~100千克，撒在病部根茎处。

二 细菌性病害

1.细菌性果腐病

【症状】

全生育期均可发病。沿叶片中脉出现不规则褐色病斑，病斑呈圆形、多角形及叶缘开始的“V”形，叶背面呈水浸状，后期中间变薄，可以穿孔或脱落，并沿叶脉蔓延。果实病斑初为水浸状，圆形或卵圆形，稍凹陷，呈绿褐色，有时数个病斑融合成大斑，并分泌出黏质琥珀色物质；严重时内部组织腐烂，轻时只在皮层腐烂，有时瓜果皮开裂，全瓜很快腐烂。如图1–19所示。

图1–19 细菌性果腐病

【发生规律】

病原属类产碱假单胞菌西瓜（甜瓜）亚种细菌。病菌主要在种子和土壤表面的病残体上越冬，带菌种子是病害进行远距离传播的主要载体；病菌在田间借风雨、灌溉水、昆虫及农事操作进行传播，从伤口或气孔侵入。多雨、高湿、大水漫灌易发病。气温24~28 ℃时，经 1 小时，病菌就能侵入潮湿的叶片，潜育期3~7天。

【防治方法】

与禾本科等非瓜果类蔬菜进行2年以上的轮作；施用充分腐熟有机肥，注意通风降湿；避免带露水或潮湿条件下进行整枝打杈等农事操作；及时清除病残体并烧毁，病穴撒石灰消毒。

种子处理。用40%福尔马林150倍液浸种30分钟，用清水冲净后浸泡6~8小时，再催芽播种。或用新植霉素2 000倍液浸种1小时，沥去药水再用清水浸6~8小时，然后再催芽播种。

在发病前或进入雨季时应加强预防，可采用50%氯溴异氰尿酸可溶性粉剂1 500~2 000倍液，或36%三氯异氰尿酸可湿性粉剂1 000~1 500倍液，或60%琥胶肥酸铜·乙膦铝可湿性粉剂500~700倍液，或47%春雷霉素·氧氯化铜可湿性粉剂700倍液，或88%水合霉素可溶性粉剂1 500~2 000倍液，或3%中生菌素可湿性粉剂600~800倍液，或20%叶枯唑可湿性粉剂600~800倍液，或20%噻菌铜悬浮剂1 000~1 500倍液，或20%喹菌酮水剂1 000~1 500倍液喷雾，隔7~10天1次。

2.溃疡病

【症状】

全生育期均可发病，中后期发病较重，主要侵染茎蔓、果实、幼苗，也侵染叶柄和叶片。初期在叶片表面呈现鲜艳水亮状即“亮叶”，随后叶片边缘褪绿出现黄褐色病斑。病菌通过伤口或植株的输导组织进行传导和扩展，初期茎蔓有深绿色小点，逐渐整条蔓呈水浸状深绿色，有时茎蔓部会流出白色胶状菌脓，很快整条蔓出现空洞，烂得像泥一样，全株枯死；侵染幼瓜和生长中期的瓜，初期瓜上出现略微隆起的小绿点，不腐烂，严重时从圆形伤口处流出白色菌脓。如图1–20所示。

图1–20 溃疡病

【发生规律】

病原为细菌界薄壁菌门黄单胞杆菌属油菜黄单胞菌黄瓜叶斑病致病变种，病菌可在种子内、外和病残体上越冬，可在土壤中存活2~3年。病菌主要从伤口侵入，包括整枝打杈时损伤的叶片、枝干和移栽时的幼根，也可从幼嫩的果实表皮直接侵入。由于种子可以带菌，病菌远距离传播主要靠种子、种苗和鲜果的调运，近距离传播主要靠雨水和灌溉。保护地大水漫灌会使病害扩大蔓延，人工农事操作接触病菌、溅水也会传播。长时间高湿环境、暴雨天气和大水漫灌的大棚病害发生严重。

【防治方法】

采用高垄栽培；清除病株和病残体并烧毁；避免带露水、阴天或潮湿条件下进行整枝打杈等农事操作；出现病株及时拔出烧毁，病穴用石灰消毒。

种子处理。用55 ℃温水浸种20分钟，或77 ℃恒温干热灭菌2天，或用新植霉素200毫克/千克浸种2小时，冲洗干净后催芽播种；也可在采种时种子与果汁、果肉共同发酵24~48小时后，种子随即用1%盐酸浸渍5分钟或用1%次氯酸钙浸渍15分钟，接着水洗、晾干，都可杀灭种子上的细菌。

土壤消毒。移栽时在穴内撒入叶枯唑或乙酸铜消毒。

发病初期，可选用47%加瑞农可湿性粉剂800倍液，或77%可杀得可湿性粉剂500倍液，或90%新植霉素可溶性粉剂4 000倍液，或80%乙蒜素乳油800~1 000倍液，对植株进行喷施，7~10天1次，连续2~3次。

3.缘枯病

【症状】

全生育期均可发病，叶、叶柄、茎、卷须、果实均可受害。初期在叶缘小孔附近产生水渍状小点，后扩大成为淡黄褐色不规则形坏死斑，严重时在叶片上产生大型水渍状坏死斑，随病害发展沿叶缘干枯，病斑发生在周围是泡状有些黄化的叶面基础上，干枯后呈连片的不规则枯干斑。茎蔓受害呈油渍状暗绿色至黄褐色，后龟裂或坏死，有时在裂口处溢出黄白色至黄褐色菌脓；果实表面着色不均，有黑斑点，具油光，果肉不均匀软化，空气潮湿时病瓜腐烂，溢出菌脓，有臭味。如图1–21所示。

图1–21　缘枯病

【发生规律】

由边缘假单胞致病型细菌侵染引起。病菌在种子上或随病残体在土壤中越冬，成为第二年初侵染源。病菌从叶缘水孔等自然孔口侵入，靠风雨、田间操作传播蔓延和重复侵染；该病的发生主要受降雨引起的湿度变化及叶面结露影响，尤其夜间棚室内随着气温的下降，湿度不断升高至70%以上，或饱和水蒸气凝降到叶片或茎上形成叶面结露，叶缘的露水为该菌活动及侵入蔓延提供了湿度条件，从而使该病发生和流行。

【防治方法】

与非葫芦科作物实行2年以上的轮作；病叶、病蔓深埋；及时追肥、合理浇水；对温棚加强通风降湿管理。

种子处理。用55 ℃的温水浸种20分钟，或用0.1%升汞1 500倍液浸种10分钟，或用次氯酸钙300倍液浸种30~60分钟，捞出后用清水洗净，或用新植霉素500倍液浸种2小时，捞出催芽播种。

发病初期和降雨后及时喷洒新植霉素4 000~5 000倍液，或2%多抗霉素可湿性粉剂800倍液，或14%络氨铜水剂300倍液，或77%可杀得可湿性粉剂400倍液，或新植霉素200毫克/千克溶液，或40毫克/升的青霉素钾盐5 000倍液。每7天喷1次，连喷3~4次。

4.细菌性角斑病

【症状】

全生育期均可发生，叶片、茎蔓和瓜果都可受害。苗期染病，子叶上产生褐色圆形至多角形病斑，真叶沿叶缘呈黄褐色至黑褐色坏死干枯，最后瓜苗呈褐色枯死。成株染病，叶片上初生水浸状半透明小点，以后扩大成浅黄色斑，边缘具有黄绿色晕环，最后病斑中央变褐色或呈灰白色破裂穿孔，湿度高时叶背溢出乳白色菌液。茎蔓染病，呈油渍状暗绿色，后龟裂，溢出白色菌脓。瓜果染病，初出现油渍状黄绿色小点，逐渐变成近圆形红褐色至暗褐色坏死斑，边缘黄绿色油渍状，随病害发展，病部凹陷、龟裂呈灰褐色，空气潮湿时病部可溢出锈色菌脓。如图1–22所示。

图1–22　细菌性角斑病

【发生规律】

病原属假单胞杆菌类细菌。病菌在种子上或随病残体留在土壤中越冬，成为翌年的初侵染来源。借风雨、昆虫和农事操作进行传播，从寄主的气孔、水孔和伤口侵入。细菌侵入后，初在寄主细胞间隙中，后侵入细胞内和维管束中，侵入果实的细菌则沿导管进入种子。种子上的病菌可在种皮或种子内部存活1~2年，种子带菌在3%左右，带菌的种子发芽时，病菌在子叶上引起发病。发病适温为24~28 ℃，气温21~28 ℃、相对湿度85%以上、低洼地及连作地块发病重。

【防治方法】

培育无病种苗，用新的无病土苗床育苗；保护地适时放风，降低棚室湿度，发病后控制灌水；高垄地膜覆盖栽培，及时清除病株残体，翻晒土壤。

种子处理。用60 ℃温水浸种15分钟，或用3%中生菌素可湿性粉剂500倍液或40%福尔马林150倍液浸种1.5小时，或用50%代森铵水剂500倍液浸种1小时，清水洗净后催芽播种。

穴盘消毒。用40%甲醛100倍液浸泡1~2小时，再用地膜包严实，于晴热高温的天气下暴晒3~5天，最后用清水冲洗干净。

发病初期，可采用88%水合霉素可溶性粉剂1 500~2 000倍液，或3%中生菌素可湿性粉剂600~800倍液，或20%叶枯唑可湿性粉剂600~800倍液，或20%噻菌铜悬浮剂1 000~1 500倍液，或20%喹菌酮水剂1 000~1 500倍液，或50%氯溴异氰尿酸可溶性粉剂1 500~2 000倍液，或36%三氯异氰尿酸可湿性粉剂1 000~1 500倍液，或47%春雷霉素·氧氯化铜可湿性粉剂700倍液喷雾，每5~7天1次。

三 病毒病

按症状类型，病毒病可分为花叶病毒病、绿斑驳花叶病毒病、褪绿黄化病毒病、坏死斑点病毒病、皱缩卷叶型病毒病。

1.花叶病毒病

症状主要表现为花叶型和蕨叶型两种。其中，花叶型初期病株顶端叶片出现黄绿色镶嵌花纹，以后皱缩畸形，叶面凹凸不平，病叶变小。茎蔓节间短缩，纤细扭曲，坐果少或不坐果。蕨叶型病叶狭长，皱缩扭曲。植株生长缓慢，矮化，顶端枝叶簇生。花器官发育不良，严重的不能坐瓜；发病较晚的病株形成畸形瓜，果面凹凸不平，瓜小，瓜瓤暗褐色。如图1–23所示。

图1–23　花叶病毒病

2.绿斑驳花叶病毒病

全生育期均可发病，果实发育期发病较为严重。幼叶出现不规则褪色或淡黄色花叶，绿色部分隆起，叶面凹凸不平，叶缘上卷，其后出现浓绿色凹凸斑，随着叶片老化症状减轻，与健叶无大区别；茎蔓受害生长停滞并萎蔫，严重时整株变黄，不能正常生长而死亡；果梗部常出现褐色坏死条纹；果实受害表面有不明显的浓绿色圆斑，有时长出不太明显的深绿色瘤疱；果肉周边接近果皮部呈黄色水渍状，内出现块状黄色纤维，果肉纤维化，种子周围的果肉变紫红色或暗红色水渍状，成熟时变为暗褐色并出现空洞，呈丝瓜瓤状，俗称“血果肉”，味苦不能食用。如图1–24所示。

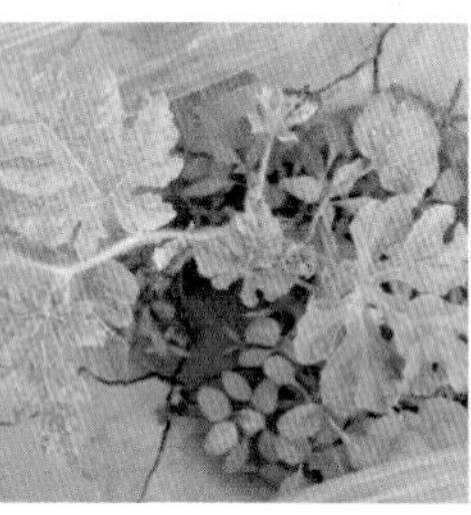
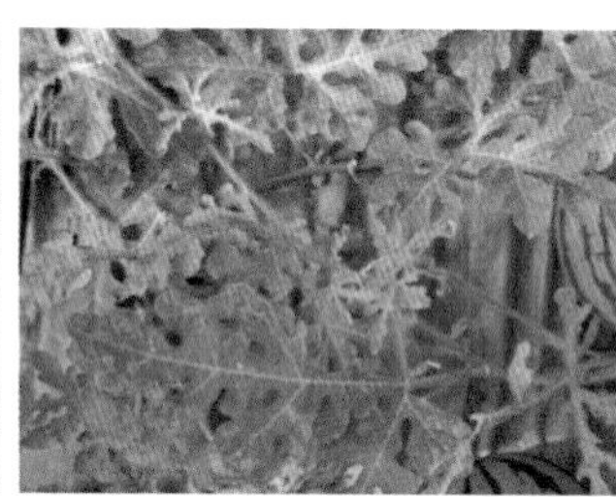
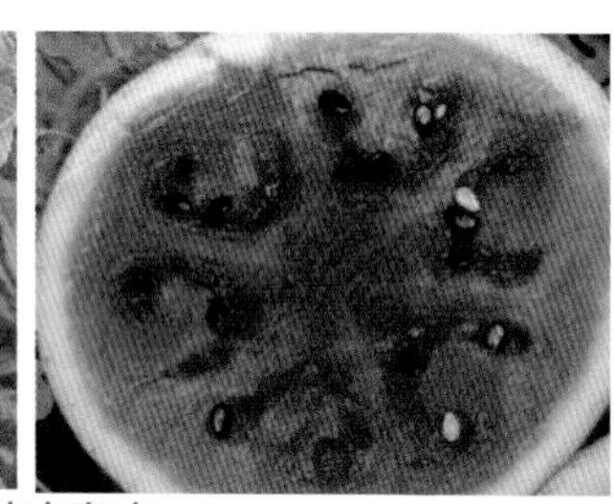

图1–24 绿斑驳花叶病毒病

3. 褪绿黄化病毒病

该病为害叶片，由植株基部向顶端发展，初期叶片出现不规则黄化褪绿斑块，发病后期整株黄化，叶脉仍保持绿色，叶片不变脆、不变厚。主要通过烟粉虱、蚜虫等害虫传播。一般春季发病较少，以秋季发病为主。如图1–25所示。

图1–25 褪绿黄化病毒病

4.坏死斑点病毒病

此病有4种类型：①小斑点型，顶部幼叶出现无数细小的黄色斑点，逐渐褐变成坏死斑点，植株凋萎；②大斑型，在叶缘及叶端水孔附近发生坏死，后沿叶脉向内形成树枝状坏死，叶片枯死；③茎坏死型，出现茶褐色坏死，通常只侵害表皮，对维管束影响不大；④根褐变型，根部变褐色，细根消失，植株萎蔫生长不良，伴有小斑点型的发病重。如图1–26所示。

图1–26　坏死斑点病毒病

5.皱缩卷叶型病毒病

【症状】

植株顶端叶片往下卷，皱缩扭曲，植株矮化，不变色，仍绿，花器官不发育，难以坐瓜，即使坐瓜也容易出现畸形瓜，类似药害症状，通过烟粉虱传播。如图1–27所示。

图1–27　皱缩卷叶型病毒病

【发生规律】

西瓜花叶病毒病种子不带毒。蚜虫主要在多年生宿根植物上越冬，每当春季发芽后，开始活动或迁飞，成为传播此病的主要媒介；汁液摩擦也可传毒。发病适温为20~25 ℃，气温高于25 ℃多表现隐症。甜瓜花叶病毒病种子可能带毒，带毒率16%~18%。环境条件与瓜类病毒病发生关系密切，高温、干旱、光照强的条件下，蚜虫发生严重，也有利于病毒的繁殖，发病严重。此外，在杂草多、附近有发病作物、气温高、缺水、缺肥、管理粗放、生长势弱、蚜虫多的瓜田发病重。

【防治方法】

施足基肥，合理追肥，增施磷钾肥，及时浇水防止干旱，合理整枝，提高植株抗病力。注意铲除瓜田内及周围杂草，及时拔除病株。在进行整枝、授粉等田间操作时，要注意尽量减少对植株的损伤。打杈应选晴天阳光充足时进行，使伤口尽快干缩。

种子处理。播种前用10%磷酸三钠溶液浸种20分钟，然后催芽、播种，或将干燥的种子放在72 ℃的恒温箱中处理72小时以钝化病毒。

物理防治。采用防虫网、悬挂黄板等措施减少蚜虫、烟粉虱等害虫，切断传播途径；通过在瓜行间铺秸秆、杂草或田间喷水等方式增加田间湿度。

注意防治蚜虫和温室白粉虱，具体药剂参照蚜虫等害虫防治部分。

发病前期或发病初期，采用2%宁南霉素水剂200~400倍液，或4%嘧肽霉素水剂200~300倍液，或20%盐酸吗啉胍·乙酸铜可湿性粉剂500~700倍液，或7.5%菌毒清·盐酸吗啉胍水剂500~700倍液，或2.1%三十烷醇·硫酸铜可湿性粉剂500~700倍液，或3.85%三氮唑核苷·硫酸铜·硫酸锌水乳剂600~800倍液，或25%盐酸吗啉胍·硫酸锌可溶性粉剂500~700倍液，或0.5%菇类蛋白多糖水剂200~300倍液，或30%毒氟磷可湿性粉剂500倍液喷雾。也可用病毒A（或其他任何防病毒病农药均可）+尿素+天然芸苔素进行喷施防治。

四　线虫病

【症状】

全生育期均可发病，发育后期发病较重。主要为害根系，在侧根或须根上产生大小不等的葫芦状浅黄色根结。解剖根结，病组织内部可见许多细小的乳白色洋梨形线虫。根结上一般可长出细弱的新根，以后随根系生长再度侵染，形成链珠状根结。病株轻者叶色变浅，中午高温时萎蔫；重者生长不良，明显矮化，叶片由下向上萎蔫枯死，地上部生长势衰弱，植株矮小黄瘦，果实小，严重时病株死亡。如图1-28所示。

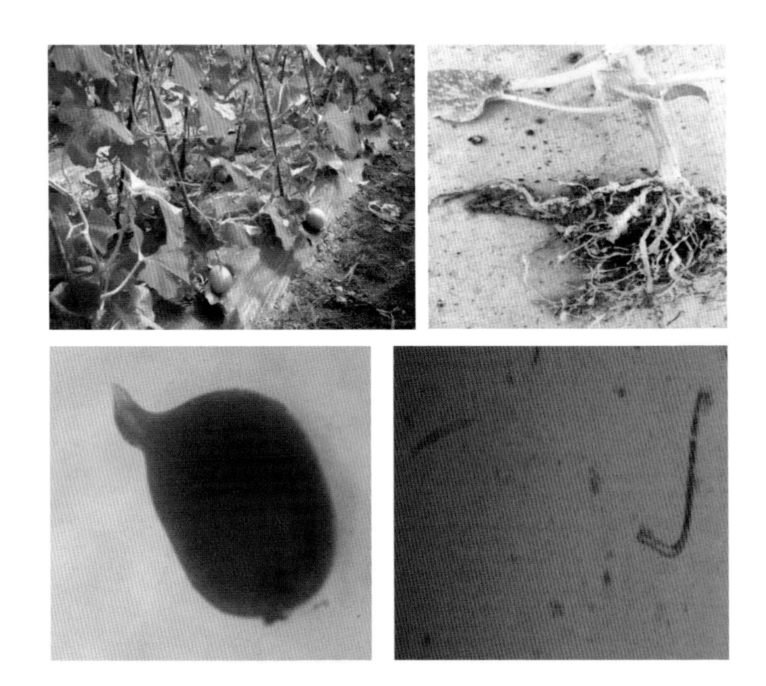

图1-28 线虫病

【发生规律】

主要由动物界线虫门南方根结线虫引起。多以2龄幼虫或卵随病残体遗留在5~30厘米土层中生存1~3年，条件适宜时，越冬卵孵化为幼虫，继续发育后侵入根部，产生新的根结或肿瘤。根结线虫发育到4龄时交尾产卵，雄线虫离开寄主钻入土中后很快死亡。产在根结里的卵孵化后发育至2龄后脱离卵壳，进入土壤中进行再侵染或越冬。田间发病的初始虫源主要是病土或病苗，生存最适温度25~30 ℃，雨季和砂土壤有利于孵化和侵染。

【防治方法】

与大葱、韭菜、辣椒抗耐病作物实行2年或5年轮作；选用无病种苗，注意避免基质带病；重病地块，深翻土壤30~50厘米，在春末夏初进行日光高温消毒灭虫。冬季农闲时，可灌满水后盖好地膜并压实，再密闭棚室15~20天，可将土中线虫及病菌、杂草等全部杀灭。

定植前，可用5%丁硫克百威颗粒剂5~7千克/亩，或35%威百亩水剂4~6千克/亩，或10%噻唑膦颗粒剂2~5千克/亩，或98%棉隆微粒剂3~5千克/亩，或3.2%阿维菌素·辛硫磷颗粒剂4~6千克/亩，或5%硫线磷颗粒剂2~3千克/亩，或5亿活孢子/克淡紫拟青霉颗粒剂3~5千克/亩处理土壤。

在生长期发病，可以用40%灭线磷乳油1 000倍液，或1.8%阿维菌素乳油1 000倍液，或41.7%氟吡菌酰胺0.024~0.03毫升/株灌根；或用1.8%虫螨克乳油0.5~1升/亩随水冲施，隔7~10天1次。

第二部分　主要生理性病害识别与防治

生理性病害是指在不良环境条件下，植物的代谢作用受到干扰，生理功能受到破坏，最终导致植物在外部形态上表现出症状。它没有寄生性和传染性，也不产生繁殖体，因此又称为非侵染性病害。

引起生理性病害的环境因素较多，主要有营养元素缺乏或过剩所造成的营养缺素症或营养过剩症，如氮素缺乏引起的失绿，盐碱条件下铁离子不能被正常吸收利用而造成的黄化病；水分失调（干旱或水涝）造成的植物萎蔫、局部组织坏死、畸形等；气候因素，如强日光、高温引起的日灼伤，低温造成的冷、霜、冻害等；土壤盐碱伤害；有毒物质毒害，如农药、化肥、激素使用不当引起的毒害或药害等。

由此可见，生理性病害的发生常与不合理的耕作、栽培、肥水管理等有密切关系，其会使西瓜、甜瓜正常生长受到影响，从而使品质变劣、产量降低。因此，有必要了解生理性病害的症状及病因，并掌握其防治措施。

1.高脚苗

【症状】

幼苗下胚轴伸长过度，茎秆细而长，植株长势弱，叶面大、叶片薄、颜色较淡；空气湿度降低时，蒸腾作用加剧，叶片就会萎蔫；其花芽形成较慢，花少且晚，往往会形成畸形果，易落花，产量低。如图2–1所示。

【发生规律】

发生于出苗到子叶展开时，播种过密、苗床温度高、氮肥偏高、水分偏多时易发生。

【防治方法】

出苗前床温控制在30 ℃左右，齐苗后至第一片真叶展开前，

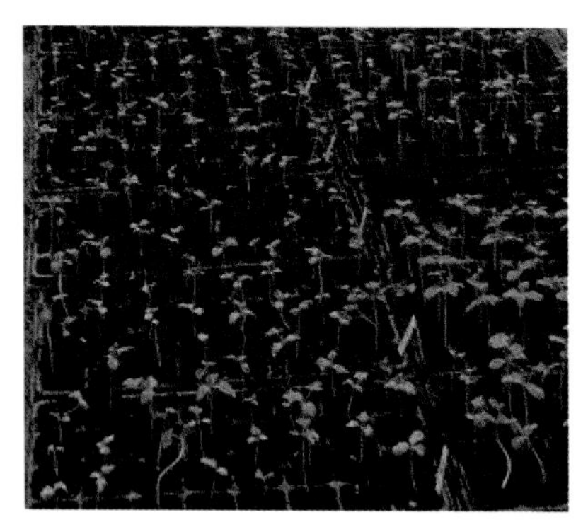

图2-1　高脚苗

必须严格控制床温，一般不超过25 ℃；当80%出苗后，就应揭开薄膜的通风口进行通风，定植前7~10天要加大通风量，逐渐降温蹲苗；自养苗使用不超过72孔穴盘，嫁接苗使用不超过50孔穴盘；营养土要控制用氮量，注意磷钾肥用量，苗床内严格控制水分和氮肥的使用；用50%矮壮素稀释2 000~3 000倍液喷施秧苗或浇在床土上，每平方米苗床喷施1千克药液，化控秧苗徒长要严格控制使用浓度和使用方法。

2.闪苗和闷苗

【症状】

秧苗不能迅速适应温湿度的剧烈变化而导致猛烈失水，并造成叶缘上卷，甚至叶片干裂的现象称为“闪苗”；而升温过快、通风不及时所造成的凋萎，称为“闷苗”。如图2-2所示。

【发生规律】

整个苗期都可发生，定植前最为严重。闪苗是由于猛然通风，苗床内外空气交换剧烈，引起床内湿度骤然下降引起的。闷苗是由于在低温、高湿、弱光下营养消耗过多，抗逆性差，久阴骤晴，升温过快，通风不及时引起的。

图2-2　闪苗和闷苗

【防治方法】

通风应从背风面开口，通风口由小到大，时间由短到长；阴雨天气尤其是连阴天应适当揭苫，让苗子见光；叶面喷施磷酸二氢钾、云大120（芸苔素内酯）等进行补救。

3.僵苗

【症状】

植株生长处于停滞状态，生长量小，展叶慢，子叶、真叶变黄，根变褐，新生根少。如图2-3所示。

【发生规律】

主要发生于幼苗期和定植前期。土壤过实、过湿、通透性

图2-3　僵苗

差；土壤过干、过虚，移栽后田土和苗土结合不好；根系层地温低于10 ℃；土壤的pH 值高于8或低于4.5；土壤盐渍化严重；施入肥料过深，根系不能及时吸收；施用不合格肥料，肥料中含有毒有害物质超标；移栽苗苗龄过大或过小，移栽时伤根或者未提前炼苗；秧苗定植前过度炼苗使幼苗茎叶组织过度老化，都易发生僵苗。。

【防治方法】

改善育苗环境，保证育苗适温，可采用增温、保湿、防雨措施，改善根系生长条件；采用高畦深沟栽培，加强排水，改善根系的呼吸环境；适时定植，避免苗龄过大；及时防治地下害虫，减少地下害虫对根系的伤害；适当增施腐熟农家肥，施用化肥时应勤施薄施。

4.自封顶苗

【症状】

幼苗生长点退化，不能正常地抽生新叶；较轻的表现为丛生状，严重的常常只有2片子叶。有的虽能形成1~2片真叶，但叶片萎缩，没有生长点，或生长点硬化、停止生长，成为自封顶苗。如图2-4所示。

图2-4　自封顶苗

【发生规律】

用3年以上的陈种子播种，无生长点的瓜苗多；刚出土的瓜苗，生长点较幼嫩，叶面喷药、追肥浓度偏高或者喷洒量大极易“烧掉”生长点；不良天气，造成苗床温度过低，幼苗易受到冻害，生长点往往会被冻死而缺失；幼苗遇到晴朗天气时，午后太阳直射苗床，使畦内温度过高，尤其在苗床湿度较小的情况下，生长点易灼烧；嫁接时接穗苗龄小，苗床温度过低，或幼苗的生长点凝结过冷水珠，造成生长点冻害；幼苗出土后遭受烟蓟马等害虫为害，被锉吸西瓜心叶、嫩芽的汁液，造成生长点停止生长。

【防治方法】

苗床要及时浇水保湿，在晴天的中午要及时通风，降低棚室和苗床温度，白天保持25 ℃左右，夜间保持15~18 ℃，同时要注意避免幼嫩的小苗突然被强烈的光照射；嫁接时用子叶完全展开的接穗苗；使用新种子，适度放风，加强保温等；发现症状，应及时喷洒赤霉素调节瓜苗生理新陈代谢，提高瓜苗生理活性，促进生长点正常发育。

5.黄苗弱苗

【症状】

瓜苗生长势较弱，出现叶薄、色黄绿现象，降低瓜苗质量（如图2–5）。

【发生规律】

阴雨天多时，田间湿度很大，土壤低温高湿、氧气不足引起沤根；移栽时浇水太多也会造成沤根；底肥不足（特别是磷肥不足）或移栽后施肥不当，造成脱肥或少根；出现低温冷害，影响瓜苗长势。

图2-5 黄苗弱苗

【防治方法】

保持苗床足够的光照；加大昼夜温差，防止夜温过高；加强苗床的通风，降低苗床内的空气湿度，刺激根系的吸收活动，增加营养供应；交替喷洒0.2%的尿素液、磷酸氢二钾液和1%的糖液，每5~7天喷1次；向苗床内补充二氧化碳气体，每天日出半小时后开始补气，每次补气2小时左右，使苗床内的二氧化碳气体浓度保持在0.08%~0.1%。

6.疯秧

【症状】

植株生长过于旺盛，出现徒长，表现为节间伸长，叶柄和叶身变长，叶色淡绿，叶质较薄，不易坐果，或坐果后果实不膨大，果型小，产量低，成熟期推迟。如图2-6所示。

【发生规律】

苗期温度、水肥管理失调，影响了花芽分化等正常生长发育；生长期肥水管理失调使植株生长过弱或过旺；偏施氮肥，营养生长过剩；磷、钾肥及微量元素少，尤其缺少硼肥，不利于花器官形成，影响生殖生长；花期若遇低温寡照，会使植株茎蔓伸长，节位过长，营养生长不能正常转入生殖生长；种植密度过大

图2-6　疯秧

或整枝打杈不及时、不合理而造成田间郁闭。

【防治方法】

控制基肥的施用量，前期少施氮肥，注意磷、钾肥的配合使用，可冲施氨基酸或腐殖酸高钾肥，叶面喷洒300~500倍的氨基酸钾钙肥；苗床或大棚要适时通风，增加光照，避免温度过高、湿度过大；对于疯长植株，可采取整枝、打顶、人工或坐果灵辅助授粉等措施促进坐果，也可喷矮壮素等药剂抑制营养生长。

7.急性凋萎

【症状】

初期地上部中午萎蔫，傍晚时尚能恢复，经3~4天反复以后枯死，根颈部略膨大，与枯萎病的区别在于根颈维管束不发生褐变。如图2-7所示。

【发生规律】

砧木与接穗的亲和性较差，嫁接结合面小，导管连接差；整枝强度大，或坐果节位低、坐瓜数多；光照强、气温高的环境中，茎叶水分蒸发速度大于根系的供水量；长期阴雨连绵、光照不足导致根、叶功能下降，然后突然天晴；地温高也容易引起急

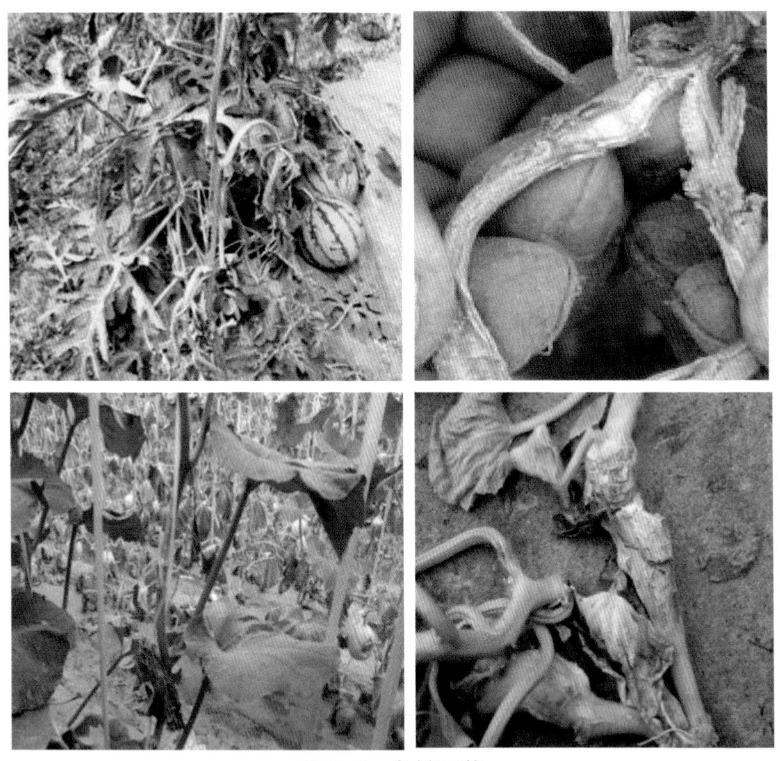

图2-7　急性凋萎

性凋萎。

【防治方法】

采用涝浇园法，即雨后天晴时，马上浇水，降低地温，同时打开排水口，使水经瓜田后迅速排出去，并及时中耕保持土壤通透性；嫁接苗应选择亲和性和抗性强、根系发达的砧木，增大其与接穗的结合面；在果实肥大后期叶面喷施1%的硫酸镁溶液，也可以减少急性凋萎病的发生。

8.沤根、烧根

【症状】

根系停止生长，主根、侧根变成铁锈色，严重时根系表皮腐烂，不发新根，地上部轻者心叶发黄，重者幼苗萎蔫；或根系发黄，不发新根，地上生长缓慢，植株矮小脆硬，形成小老苗。如图2–8所示。

图2–8　沤根、烧根

【发生规律】

沤根、烧根多发于下述情况：地温低于10 ℃或长期处于5~6 ℃，土壤含水量高于80%；夏季高温季节下大雨，排水不良，或苗期大水漫灌，土壤高温、高湿或土壤中含有大量未腐熟的有机物，土壤透气性不良。

【防治方法】

当90%植株的第一片真叶展开后，提高苗床温度到25~27 ℃，若气温低于16 ℃则要用灯光或电热线加温；叶展开后，要根据床土湿度情况及时补充水分，保持床土湿润；发生沤根时要立即停止喷水，床面撒些细干土或煤灰、草木灰等吸水，使床土温度尽快升高；发现烧根时要及时喷水，提高床土湿度，定植前5~7天停止喷水，进行蹲苗。

9.叶片白枯

【症状】

基部叶片、叶柄的表面硬化，叶片易折断，茸毛变白、硬化、易断，叶片黄化为网纹状，叶肉黄化褐变，呈不规则、表面凹凸不平的白色斑，白化叶仅留绿色的叶脉和叶柄。如图2-9所示。

图2-9 叶片白枯

【发生规律】

与整枝打杈、侧蔓摘除节位高低有关，一般摘除节位越高越易发病，当根的机能下降、细胞激动素活性下降时，发病重。

【防治方法】

确保叶数量，摘除侧蔓从植株基部起，限制在第10节以内；从始花期起每周喷1次1 500倍甲基托布津液或6 000倍苯甲基腺嘌呤液；对历年发病重的地块，施用酵素菌沤制的堆肥或充分腐熟的有机肥。

10.矮化、缩叶、黄叶

【症状】

地上部植株矮化、缩叶、黄叶，甚至枯萎而死。如图2-10所示。

图2-10　矮化、缩叶、黄叶

【发生规律】

长时间干旱缺水，或者较长时间土壤过湿、排水不良使根系发育受阻；土壤中钙、镁、硼等元素缺乏；施肥不当产生肥害，或产生除草剂药害，或施用激素不当产生药害。

【防治方法】

加强水分管理，保持土壤湿润，特别是夏秋栽培，要保证有充足水分，做到旱能灌，涝能排；合理施肥，做到大量元素与微量元素配合施用，均衡营养，提升西瓜抗病抗逆能力；合理使用农药与生长调节剂，防止产生药害；发生药害或肥害，及时喷施萘乙酸或爱多收。

11.叶片出现黄金边

【症状】

叶片边缘干枯，或者叶片边缘以及叶脉中间发黄，叶片很脆。如图2-11所示。

图2-11　叶片出现黄金边

【发生规律】

用药浓度过大，药液在叶片边缘积聚灼伤叶缘，或者用药浓度过大造成药害，使叶脉中间发黄；中午高温用药，水分短期内蒸发过快，药剂浓度相对加大；温度高，叶片气孔张大，容易吸收药剂，造成药害；浇水、用肥不合理以及地温过高，造成根系受伤或者生长受到抑制，叶片生长不良；在低温天气突然放风或者阴后突晴，以及长时间连阴天，都会造成叶片生长不良。

【防治方法】

合理用药，避免随意加大药量；高温季节用药要避开高温时间段，在早上9点之前、下午4点之后用药；合理浇水与施肥，避免根系损伤。

12.粗蔓裂藤

【症状】

瓜蔓变脆易折断及发生纵裂，溢出少许黄褐色汁液，生长受到阻碍。如图2–12所示。

【发生规律】

全生育期可发生，常发生于坐果期。

【防治方法】

加强通风，控制温度、湿度，适时通风透光；坐瓜前合理控制水分；用硼肥+磷酸二氢钾1 000倍液叶面喷雾，促进西瓜植株生长。

图2–12　粗蔓裂藤

13.畸形果

【症状】

畸形果主要有扁形果、尖嘴果、葫芦形果、偏头畸形果等。扁形果是果实扁圆，果皮增厚，一般圆形品种发生较多；尖嘴果多发生在长果形的品种上，果实先端渐尖；葫芦形果表现为先端较大，而果柄部位较小；偏头畸形果表现为果实发育不平衡，一侧生长正常，而另一侧生长停顿。如图2–13所示。

【发生规律】

扁形果是低节位雌花所结的果，是因果实膨大期气温较低导致的；尖嘴果是因果实发育期的营养和水分供应不足、坐果节位较远导致的；偏头畸形果是因授粉不均匀导致的；受低温影响形成的畸形花所结的果实，亦会形成畸形果。

图2-13　畸形果

【防治方法】

发现前期出现畸形瓜胎，如果外界气温低，不要急于摘除，待外界气温升高后，保留后面雌花坐瓜，并及时摘除前面的畸形瓜胎；在开花坐果期，控制生长，以防徒长，避免高节位坐瓜；加强田间管理、水分均衡供应等栽培措施；低温条件下进行人工或坐果灵辅助授粉，做到授粉均匀；减少坐果期和膨瓜期病虫的危害。

14.裂果

【症状】

裂果分为田间裂果和采收裂果。田间裂果指田间静态下果皮爆裂，通常由果实膨大期温度、土壤水分变化较大或激素过量使用引起，一般从花痕部位首先开裂；采收裂果是由于采收、运输过程中有振动而引起的裂果，果皮薄、质脆的品种容易裂果。如图2-14所示。

图2-14　裂果

【发生规律】

在果实发育中突然遇雨或大量浇水，土壤水分急增，果实迅速膨大而造成裂果，一般在花痕部位首先开裂；果实发育初期温度低发育缓慢，以后迅速膨大也易引起裂果；坐果灵使用浓度过大易引起裂果；采收振动易引起裂果；果皮薄、质脆的品种容易裂果。

【防治方法】

选择不易开裂的品种；采用棚栽防雨及合理的肥水管理措施，增施钾肥提高果皮韧性；傍晚时采收，尽量减少果实的振动；合理使用坐果灵，温度高时，可适当加大浓度，温度低时，应降低浓度。

15.日烧果

【症状】

果面组织灼烧坏死，形成若干个干疤。如图2-15所示。

图2-15 日烧果

【发生规律】

烈日暴晒造成的日烧果与品种有关；与植株生长状况有关，藤叶少、果实暴露时间长的植株容易产生日烧果。

【防治方法】

前期增施氮肥，促进茎枝叶生长；果面盖草防晒。

16.脐腐果

【症状】

在果脐部收缢、干腐，形成局部褐色斑，果实其他部分无异常，后期湿度大时，遇腐生霉菌寄生会出现黑色霉状物。如图2-16所示。

图2-16 脐腐果

【发生规律】

与植株缺钙、土壤干旱有关。有时土壤不一定缺钙，但像供水不足也会影响植株对钙的吸收。

【防治方法】

增施腐熟饼肥和过磷酸钙，畦面全层覆盖地膜，适时浇水；叶面喷施1%的过磷酸钙溶液；均衡供应肥水，干旱天气适时浇水抗旱。

17.肉质恶变果

【症状】

发育成熟的果实虽在外观上与正常果无异，拍打时发出当当的敲木声；剖开时发现果肉呈紫红色、浸润状，果肉变硬、半透明，同时可闻到一股酒味，完全丧失食用价值。如图2–17所示。

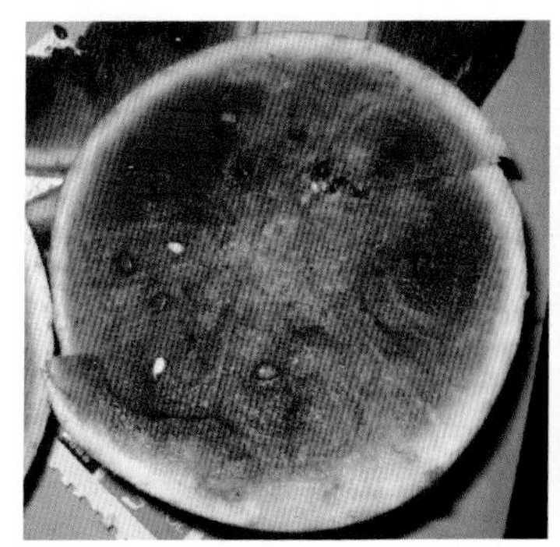
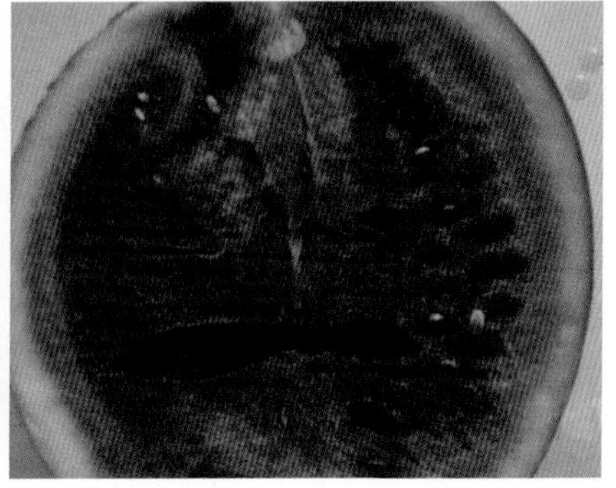

图2–17　肉质恶变果

【发生规律】

土壤水分骤变降低根系的活性；叶片生长受阻，加上高温，使果实内产生乙烯，引起呼吸异常，导致果肉劣变；植株感染黄瓜绿斑驳花叶病毒也会发生果肉恶变。

【防治方法】

高温季节果实应避免阳光暴晒，可用杂草遮盖果实；适当整枝，避免整枝过度而抑制根系的生长；防止病毒传播，切断病毒传播途径；果实膨大期增施腐熟饼肥100千克、磷酸二铵与硫酸钾各10~15千克，适时、适量浇水，防止早衰。

18. 黄带果

【症状】

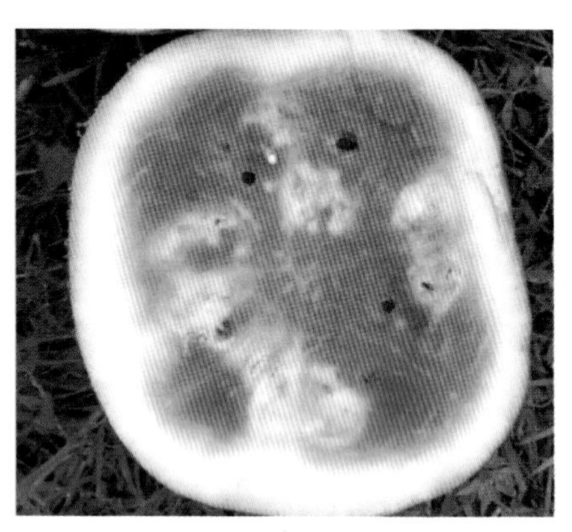

图2-18　黄带果

将西瓜纵向切开，从顶端花痕部到果柄部的维管束成为发达的纤维质带，通常为白色，严重时呈黄色，黄带的果实糖度低，肉质差。如图2-18所示。

【发生规律】

钙的缺乏导致西瓜成熟后期纤维物质不能消退而形成黄带；氮肥施用过多，植株长势过旺，会阻碍养分向果实输送，导致瓜瓤内的维管束和纤维物质不能随着果实正常成熟而消退；果实发育后期遇到连续低温天气或光照不良时，植株的正常生长受到影响，果实营养的吸收受阻而导致黄带；砧木本身的抗逆性较差或者砧木同接穗的亲和力不好，则极易导致果实成熟过程中水肥运输不畅，果实得不到必需的营养物质而产生黄带果，其中部分南瓜砧木易出现这种情况；高温、干燥，植株结瓜过多，钙、硼的吸收受到阻碍时，黄带果就显著增多。

【防治方法】

合理整枝、及时整枝以保护好植株功能叶，确保其能充分进行光合作用，制造充足的光合产物，以保证果实生长期的营养需求；从幼苗开始应给予充足的光照，确保好的花芽；开花前出现粗蔓，可摘除蔓心，破坏其长势；用地膜覆盖地面并适时浇水，减少土壤水分蒸发，防止土壤干燥；嫁接栽培要选择嫁接亲和力好、抗逆性强的砧木；防止叶片卷缩、老化，果实避免阳光暴晒。

第三部分　主要害虫识别与防治

1.蚜虫

【症状】

瓜蚜的成蚜及若蚜群集在叶背和嫩茎上吸食作物汁液，引起叶片皱缩。瓜苗嫩叶及生长点被害后，叶片卷缩，瓜苗萎蔫，甚至停止生长；老时受害，虽然叶片不卷曲，但受害叶提前干枯脱落，缩短结瓜期，造成减产。此外，瓜蚜还能传播病毒病，其排出的蜜露还可以诱发煤污病。蚜虫如图3-1所示。

图3-1 蚜虫

【发生规律】

偏高的气温、偏少的降水、较低的相对湿度对蚜虫的发生、繁殖非常有利，蚜虫发生的最适温度为24~28 ℃，最适相对湿度为50%~85%；蚜虫繁殖速度较快，一般是3~5天繁殖一代，一个蚜虫可繁殖50~70只；蚜虫的成虫有的会飞，有时会随人传播，有的随风传播；农业生产上农药的大量使用，使七星瓢虫等蚜虫的天敌数量减少，是导致蚜虫病害发生的主要因素。

【防治方法】

除草防蚜。春季铲除瓜田和四周的杂草，消灭越冬卵，减少虫源基数；诱避防蚜，采用银灰色薄膜避蚜和设黄板诱蚜杀蚜。

药剂防治。选用70%吡虫啉水分散粒剂9 000~10 000倍液，或25%噻虫嗪水分散粒剂6 000~8 000倍液，或5%啶虫脒乳油1 500~2 500倍液，或0.36%苦参碱水剂500倍液，或2.5%联苯菊酯乳油3 000倍液，或2.5%鱼藤酮乳油500倍液。采收前10~15天应停止用药。

生物防治。注意保护和利用蚜虫天敌，蚜虫的天敌主要有七星瓢虫、异色瓢虫、中华草蛉、食蚜蝇等。利用好人工迁移瓢虫、食蚜蝇等蚜虫天敌。

2.粉虱类

【症状】

成虫和若虫群集叶背吸食植物汁液，引起植株生长受阻，叶片变黄、褪绿、萎蔫，甚至全株枯死。此外，粉虱为害时分泌蜜露，严重污染叶片和果实，往往引起煤污病的发生，影响植株光合作用。粉虱如图3-2所示。

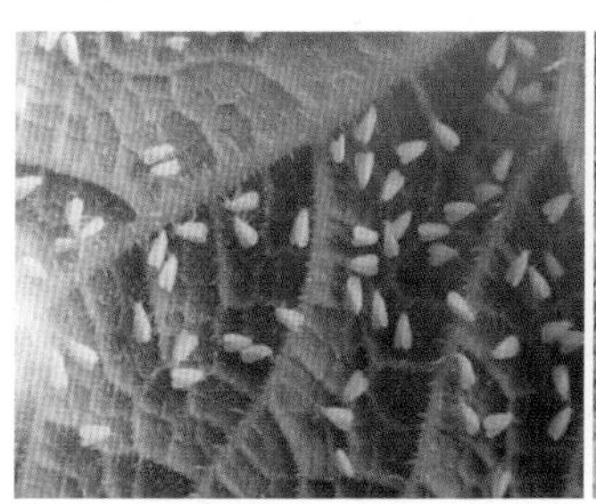
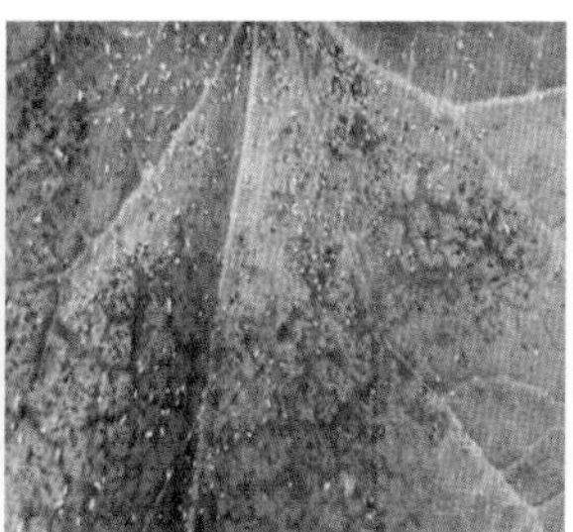

图3-2　粉虱

【发生规律】

粉虱在温室条件下，一年内可发生10余代，世代重叠现象明显；日光温室、大棚迅速发展，为白粉虱提供了充足的越冬场所和充足的食物；冬季棚室的开窗通风或瓜苗移栽使虫源从棚室移至露地，导致白粉虱的蔓延。粉虱不仅为害大多数农作物，而且为害多种农田杂草，具有寄主范围广、食性杂、产卵量大、繁殖快、漂移性强、生活周期短、扩散性强等特点。由于棚室与露地衔接紧密，果蔬等作物持续种植，导致粉虱呈周年发生态势；农药的长期使用，加上白粉虱世代多、繁殖快，使白粉虱对常规农药已有较强的抗性，尤其对氨基甲酸酯类、有机磷类、菊酯类农药的抗性较高。

【防治方法】

培育栽植无虫苗；育苗前清除杂草和残株，将其集中烧毁或深埋；通风口设尼龙纱网，防止外来虫源；与十字花科蔬菜进行轮作，以减轻虫害发生；在温室、大棚门窗或通风口，悬挂白色或银灰色塑料薄膜条，驱避成虫侵入；在粉虱发生初期，可在温室内设置黄板诱杀成虫。

物理防治。在粉虱发生初期，在棚室内设置黄板（1.00米×0.17米纤维板或硬纸板，涂成橙黄色，再涂上一层黏油，一般使用10号机油加少许黄油调匀），设置密度480~510块/公顷，黄板设置于行间，与植株高度相平，7~10天重涂1次，操作时应注意避免将油滴在作物上造成烧伤。

药剂防治。选用2.5%噻虫嗪水分散粒剂6 000~8 000倍液，或20%啶虫脒乳油3 000~4 000倍液，或25%噻嗪酮可湿性粉剂1 000倍液，或2.5%氯氟氰菊酯乳油5 000倍液，或2.5%联苯菊酯乳油3 000倍液。保护地栽培，可用80%敌敌畏乳油与锯末或其他可燃物混合后点燃熏烟杀虫。

3.螨类

【症状】

成虫、幼虫、若螨在叶片背面吐丝结网并吸食汁液，为害初期被害叶片出现许多细小的失绿白点，后变为灰白色，导致叶片失绿枯死。通常为害从植株下部叶片开始，向上蔓延发展，数量多时可在叶端成团，严重时会造成大量叶片枯焦脱落，植株早衰或死亡，缩短结果期，严重影响产量和质量。螨类如图3-3所示。

图3-3 螨类

【发生规律】

螨类多喜欢温暖多湿的环境条件，其寄主范围广，为螨类的发育和繁殖提供了充足的食物；生活周期短，产卵量大；体型较小，田间发生时，叶螨肉眼可见，茶黄螨极难辨别；螨类一般在叶片背面为害植株，导致植株出现症状后才能被发现，治疗效果差；棚内温湿度适宜螨类的生长和发育；螨类为害易与病毒病、激素中毒等症状相混淆，导致诊断错误，错过最佳治疗时机；田间杂草丛生，植株荫蔽通风不畅，为螨类的发生和繁殖提供了有利条件。

【防治方法】

秋耕秋灌，恶化越冬螨的生态环境；清除棚边杂草，消灭越冬虫源；天气干旱时，进行灌水，增加瓜田湿度，造成不利于叶螨生育繁殖的条件。

生物防治。虫害发生初期，可按每平方米释放60~90头胡瓜钝绥螨，以虫治虫。

药剂防治。可用10%浏阳霉素乳油1 000倍液，或20%复方浏阳霉素乳油1 000倍液，或24%螺螨酯悬浮剂3 000倍液，或2.5%联苯菊酯乳油1 500倍液，或5%氟虫脲乳油1 500倍液，或1.8%阿维菌素乳油2 500倍液，或20%哒螨灵可湿性粉剂2 500倍液，或20%四螨嗪悬浮剂1 500倍液，每7~10天喷施一次，连续喷施2~3次，重点喷洒植株上部的嫩叶背面、嫩茎及幼果等部位，并注意农药交替使用。

4.瓜绢螟

【症状】

幼虫为害叶片，1、2龄幼虫在叶背啃食叶肉，仅留透明表皮，呈灰白斑；3龄后吐丝将叶或嫩梢缀合，匿居其中取食，致使叶片穿孔或缺刻，严重时仅剩叶脉。幼虫还啃食西瓜表皮，留下疤痕，并常蛀入瓜内为害，严重影响瓜果产量和质量。瓜绢螟如图3-4所示。

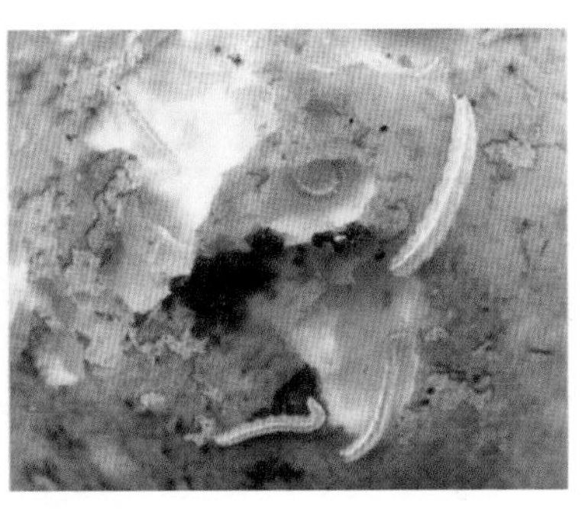

图3-4　瓜绢螟

【发生规律】

老熟幼虫或蛹在枯叶或表土越冬；成虫夜间活动，稍有趋光性，卵产于叶片背面，散产或几粒在一起；由于棚室的保护作用，棚内温度较棚外高，有利于瓜绢螟羽化，使瓜绢螟的发生时间提前，冬季又将瓜绢螟的发生时间延长，加上棚内土壤湿度适宜，有利于瓜绢螟的幼虫化蛹和蛹的成活，增加了虫口基数，造成大棚内害虫发生量较大；大棚内土壤中富含有机质，管理精细，食料充足，隐蔽性较好，宜于瓜绢螟生长发育，造成瓜绢螟在大棚内发生量特别大。

【防治方法】

采收完毕，将枯藤落叶收集沤肥或烧毁，减少田间虫口密度或越冬基数。在幼虫发生初期，摘除卷叶，捏杀幼虫和蛹。

物理防治。安装杀虫灯或黑光灯诱杀成虫。

药剂防治。可选用10%三氟甲吡醚乳油1 000倍液，或5%虱螨脲乳油1 000倍液，或5%氟虫腈悬浮剂1 500~2 000倍液，或15%茚虫威悬浮剂3 000倍液，或5%甲维盐水分散剂4 000倍液，或10%溴虫腈水剂1 000倍液。

5.种蝇

【症状】

种蝇是多食性害虫，主要为害幼苗，幼虫自根颈部蛀入，顺着茎向上为害，被害苗倒伏死亡，再转移到邻近的幼苗，常造成成片死苗。幼虫还能为害种芽，引起腐烂。如图3-5所示为种蝇。

图3-5　种蝇

【发生规律】

种蝇是一年多世代的害虫，以蛹或幼虫在土中越冬。翌春羽化的成虫在粪肥或开花植物上进食，对腐烂发酵的气味有很强的趋性。卵期2~4天，土壤潮湿有利于孵化。幼虫共3龄，随温度升高幼虫期缩短。春天孵化后幼虫即钻入萌发的种子或幼苗内。幼苗老熟后，在寄主植株附近土中化蛹，蛹期随温度升高而缩短。其来源主要为：育苗时基质未消毒并携带根蛆的卵、幼虫和蛹等虫源；定植时施用的有机肥或农家肥未充分腐熟，散发气味引诱种蝇产卵为害；前茬作物留在土壤中越冬、越夏的虫源。

【防治方法】

在苗床和大田禁施未经腐熟的有机肥；采用浸种催芽和提早覆盖地膜等措施以提高地温，缩短种子在土壤里的发芽时间。

防治幼虫可用药剂拌种或播种时撒毒土、灌药等，也可用75%灭蝇胺5 000倍液，或1%阿维菌素3 000倍液，或5%氟虫腈悬浮剂2 000倍液喷洒。防治成虫可用2.5%溴氯菊酯、20%氰戊菊酯2 500倍液。

6.蓟马

【症状】

成虫和若虫锉吸西瓜心叶、嫩芽、嫩梢、幼瓜的汁液。嫩梢、嫩叶被害后不能正常伸展，生长点萎缩，变黑、锈褐色。新叶展开时出现条状斑点，茸毛变黑而出现丛生现象。幼瓜受害时质地变硬，毛茸变黑，出现畸形，易脱落。成瓜受害后瓜皮粗糙，有黄褐色斑纹或瓜皮长满锈皮。如图3-6所示为蓟马。

图3-6　蓟马

【发生规律】

蓟马一般进行孤雌生殖，偶尔进行两性生殖，繁殖速度快；个头小，开始不易被发现，有昼伏夜出的习性，阴天、早晨、傍晚和夜间才在寄主表面活动。平时喜欢藏在花内和叶片背面，而卵一般在植物组织中，药液很难渗透进去，所以很难被杀死。成虫活泼，善飞能跳，又能借风力传播，有趋嫩绿的习性，白天一般集中在叶背为害，阴雨天、傍晚可在叶面活动。对有机磷类、氨基甲酸酯类、新烟碱类、拟除虫菊酯类和生物源药剂等都产生了不同程度的抗性。

【防治方法】

清除瓜田杂草，加强水肥管理，地面覆盖银灰色地膜。

物理防治。悬挂频振杀虫灯诱杀；成虫盛发期，在田间设置蓝色诱虫黏胶板，诱杀成虫。

药剂防治。可选用10%多杀霉素1 000倍液，或70%吡虫啉水分散剂10 000倍液，或25%噻虫嗪水分散粒剂6 000~8 000倍液，或5%氟虫腈胶悬剂1 500~2 500倍液等喷雾。

7.黄守瓜

【症状】

成虫为害花、幼瓜、叶和嫩茎，早期取食瓜类幼苗和嫩茎，常引起死苗。取食叶片，咬食成环形、半环形食痕或孔洞，甚至使叶片支离破碎。幼虫在土中咬食细根，导致瓜苗整株枯死，还可蛀入接近地面的瓜果内为害，引起腐烂。如图3–7所示为黄守瓜。

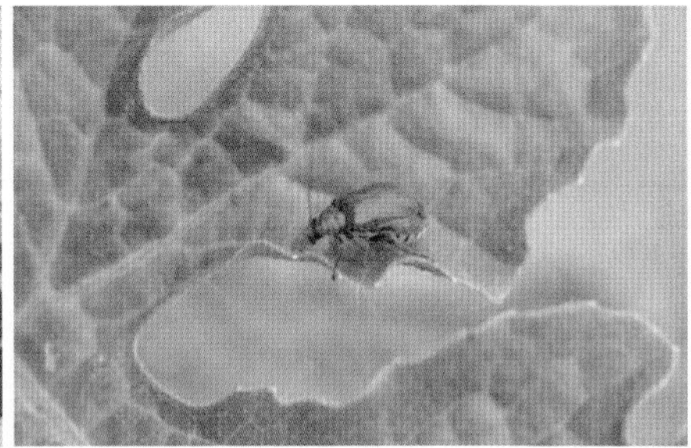

图3–7　黄守瓜

【发生规律】

成虫飞翔能力强，喜温湿和光，稍有群集性；越冬成虫喜欢在温暖湿润的表土中产卵，湿度越大，产卵越多；幼虫孵化后随即潜入土中为害植株须根，3龄以后为害主根，老熟幼虫在根际附近筑土室化蛹。各地均以成虫越冬，成虫常十几只或数十只群居在避风向阳的田埂土缝、杂草落叶或树皮缝隙内越冬。翌年春季温度达6 ℃时开始活动，10 ℃时全部出蛰，瓜苗出土前，先在其他寄主上取食，待瓜苗生出三四片真叶后就转移到瓜苗上为害。

【防治方法】

利用假死性，人工捕杀成虫。也可采用地膜栽培或在瓜苗周围撒草木灰、糠秕、木屑等措施，防止成虫产卵。

药剂防治。应注意在瓜类幼苗期控制成虫为害和产卵。苗期毒杀可用18.1%顺式氯氰菊酯乳油2 000倍液，或2.5%鱼藤酮乳油500~800倍液，或2.5%溴氰菊酯乳油3 000~4 000倍液等喷雾；防治幼虫可用1.8%阿维菌素4 000倍液，或50%辛硫磷乳油1 000倍液，或90%晶体敌百虫1 000倍液，或5%鱼藤精乳油500倍液，或烟草浸出液30~40倍液灌根；防治成虫可用90%晶体敌百虫1 000倍液，或80%敌敌畏乳油1 000倍液，或50%辛硫磷乳油1 000倍液，或50%马拉松乳油1 000倍液，或2.5%溴氰菊酯乳油3 000倍液，或10%氯氰菊酯乳油3 000倍液喷雾。

8.地老虎

【症状】

以幼虫为害，幼虫3龄前，多聚集在嫩叶或嫩茎上咬食，3龄以后转入土中，有昼伏夜出的习性，常将幼苗咬断并拖入土穴内咬食，造成瓜田缺苗断垄，或咬蔓尖及叶柄，阻碍植株生长。如图3-8所示为地老虎。

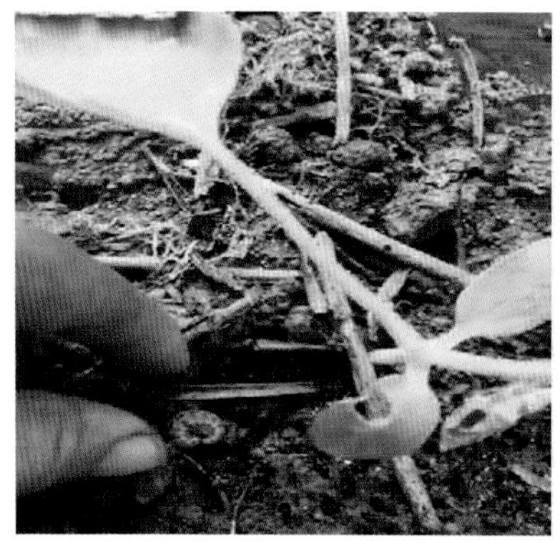

图3-8　地老虎

【发生规律】

地老虎由北向南1年可发生2~7个世代。小地老虎以幼虫和蛹在土中越冬；黄地老虎以幼虫在麦地、菜地及杂草地的土中越冬。两种地老虎虽然1年发生多代，但均以第一代数量最多，为害也最重；秋季多雨，土壤湿润，杂草滋生，地老虎在适宜的温度条件下，又有充足的食物，适于越冬前的末代繁殖，所以越冬基数大，成为第二年大发生的基础。早春2、3月多雨，4月少雨，此时幼虫刚孵化或处于1、2龄时，对地老虎发生有利，第一代幼虫可能为害严重。相反，4月中旬至5月上旬中雨以上的雨日多、雨量大，造成1、2龄幼虫大量死亡，第一代幼虫的为害可能就轻。1、2龄幼虫昼夜活动，啃食心叶或嫩叶；3龄后幼虫白天躲在土壤中，夜晚活动为害，咬断幼苗基部嫩茎，造成缺苗；4龄后幼虫抗药性大大增强；地老虎成虫日伏夜出，具有较强的趋光和趋化性。

【防治方法】

冬春除草，消灭越冬幼虫；生长期清除田间周围杂草，以防小地老虎成虫产卵；诱杀成虫，用黑光灯或糖醋液诱杀成虫（糖醋液：糖、醋、酒各一份，加水100份，加少量敌百虫）；栽苗前在田间堆草，诱杀成虫，人工捕捉。

药剂防治。可用90%晶体敌百虫0.25千克，加水4~5千克，喷到炒过的20千克菜饼或棉仁饼内，做成毒饵，傍晚撒在秧苗周围；也可用敌百虫0.5千克，溶解在2.5~4.0千克水中，喷于60~75千克菜叶、西瓜瓜肉或鲜草上，于傍晚撒在田间诱杀。

9.瓜实蝇

【症状】

成虫产卵管刺入幼瓜表皮内产卵，幼虫孵化后即在瓜内蛀食，受害的瓜先局部变黄，而后全瓜腐烂变臭，造成大量落瓜，即使不腐烂，刺伤处也会凝结着流胶，畸形下陷，造成果皮硬实，瓜味苦涩。如图3–9所示为瓜实蝇。

【发生规律】

未摘除受害果，或者就算摘除了受害果，也未专门处理摘除果和落地果，而是将这些带有幼虫的果实随意丢弃在田地里，为瓜实蝇幼虫的生长发育提供了场所；瓜棚搭设得过于紧密，降低了田间空气流动性；中后期田间管理时，不注意及时摘除老叶，使田间通风透气性降低，创造了适宜瓜实蝇生存的小环境；幼虫藏于果实内，喷施的农药无法直接接触到幼虫，而成虫飞翔能力

图3–9　瓜实蝇

强，在农民喷施农药时飞离瓜棚，若干天后药效降低时飞回继续为害。

【防治方法】

清洁田园。田间及时摘除及收集落地烂瓜，并集中处理（喷药或深埋）；瓜果刚谢花或花瓣萎缩时进行套袋，以防成虫产卵为害。

物理防治。安装频振式杀虫灯开展灯光诱杀，零星菜园可用敌敌畏糖醋液诱杀成虫，能有效减少虫源，效果良好；被瓜实蝇蛀食和造成腐烂的瓜，应进行消毒后集中深埋。

化学防治。在成虫盛发期，于中午或傍晚喷施21%灭杀毙乳油4 000~5 000倍液，或2.5%敌杀死2 000~3 000倍液，或50%敌敌畏乳油1 000倍液。

10.美洲斑潜蝇

【症状】

雌成虫刺伤叶片取食和产卵，幼虫在叶片内取食叶肉，使叶片布满不规则蛇形白色潜道，虫道不规则蛇形盘绕不超过主脉。黑色虫粪交替排列在潜道的两侧，受害后叶片逐渐萎蔫，上下表皮分离、枯落，最后全株死亡。如图3-10所示为美洲斑潜蝇。

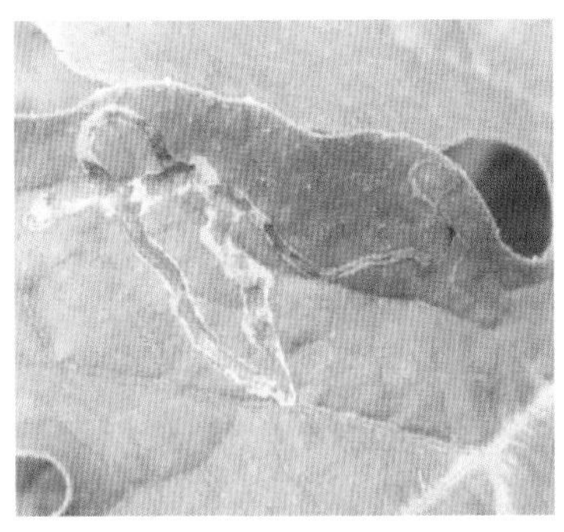

图3-10　美洲斑潜蝇

【发生规律】

该虫繁殖快，每头雌虫产卵约200~600粒，主要寄主有豆类、瓜类、茄科、十字花科等和一些野生植物。在不同季节，一些蔬菜、瓜果收获后，一些野生植物成为美洲斑潜蝇的中间寄主，为其繁殖、越冬创造了条件，害虫在农作物和野生寄主之间来回迁移，增加了防治难度；反季节瓜菜发展迅速，棚室为美洲斑潜蝇越冬提供了适宜的小气候；检疫手段的滞后，增加了该虫传入的可能性；瓜菜的调运也加快了该虫的传播速度，该虫的蛇形潜道和世代交替较快现象，对其防治造成很大的困难。

【防治方法】

合理布局瓜菜品种，间作套种美洲斑潜蝇非寄主植物或不易感虫的苦瓜、葱、蒜等；及时清洁田园，把被美洲斑潜蝇为害作物的残体集中深埋、沤肥或烧毁。

物理防治。在大棚内每隔2米吊1片黄板（规格：20厘米×2厘米）于作物叶片顶端略高10厘米处，黄板上涂凡士林和林丹粉的混合物诱杀成虫。

生物防治。往棚内释放姬小蜂、潜蝇茧蜂等寄生蜂，对美洲斑潜蝇防治率较高。

药剂防治。在苗期2~4片叶或1片叶上有3~5只幼虫时，于上午8点半至11点露水未干前选用1.8%虫螨克乳油，或0.9%爱福丁乳油，或4.5%高效氯氢菊酯，或生物农药苏云金杆菌喷药防治；越冬代成虫羽化盛期，用诱杀剂点喷部分植株，可用甘薯或胡萝卜煮液为诱饵，以0.05%敌百虫可湿性粉剂为毒剂制成，每5天点喷1次，共喷5~6次；在始见幼虫潜蛀的隧道时，用50%蝇蛆净2 000倍液，或威敌内吸杀虫剂1 000倍液，或90%可湿性粉剂杀虫丹800倍液，每隔7~10天喷1次，共喷2~3次，可杀死潜伏在叶片内的幼虫。

第四部分　主要病虫害绿色防控技术

一　植物检疫

植物检疫是通过法律、行政和技术的手段，防止危险性植物病、虫、杂草和其他有害生物的人为传播，保障农林业的安全，促进贸易发展的措施。它是人类同自然长期斗争的产物，也是当今世界各国普遍实行的一项制度。近年来，随西瓜、甜瓜原种特别是涉及外繁制种业务增多，在对外制种合同中所规定的应检病虫害，多数不是我国的检疫目标，但其中有些在国外有发生，且危害严重，因此做好检疫服务工作，要加强产地检疫、调运检疫、市场检疫。要指导生产基地和种植户通过正规渠道购买检疫手续齐全的种子（苗），从外地调入瓜类种子（苗）时，必须带有植物检疫证书；加强西瓜、甜瓜种子的市场检疫检查，指导生产基地和种植户规范开展种苗生产，严格田间检疫，杜绝带毒（菌）种苗生产。病害发生区禁止调出瓜类种子（苗），瓜类产品须经过检疫合格并签发植物检疫证书后，方可外调，且外运时严禁以叶片、藤蔓做铺垫物和填充物，以确保西瓜、甜瓜产业安全生产。

1.检疫对象

凡属国内未曾发生或仅局部发生，一旦传入对本国的主要寄主作物为害较大而又难于防治的，以及在自然条件下一般不可能传入而只能随同植物及植物产品，特别是随同种子、苗木等植物繁殖材料的调运而传播蔓延的病、虫、杂草等，应确定为检疫对象。一般先通过对本国农、林业有重大经济意义的有害生物的危害性进行多方面的科学评价，然后由政府确定并正式公布。

2.检疫方法

按检验场所和方法，可分为入境口岸检验、原产地田间检验、入境后的隔离种植检验等。隔离种植检验，是在严格隔离控制的条件下，对从种子萌发到再生产种子的全过程进行观察，检验不易发现的病、虫、杂草，克服前两种方法的不足。通过检疫检验发现有害生物，可采取禁止入境、限制进口、进行消毒除害处理、改变输入植物材料用途等方法处理。一旦危险性有害生物入侵，则应在未传播前及时铲除。此外，在国内建立无病虫种苗基地，提供无病虫或不带检疫性有害生物的繁殖材料，则是防止有害生物传播的一项根本措施。

3.检疫实施

检疫应根据有害生物的分布地域性、扩大分布为害地区的可能性、传播的主要途径、对寄主植物的选择性和对环境的适应性，以及原产地自然天敌的控制作用和能否随同传播等情况制订。检疫内容一般包括检疫对象、检疫程序、技术操作规程、检疫检验和处理的具体措施等，具有法律约束力。

4.检疫有害物处理

（1）禁止入境或限制进口。在进口的植物或其产品中，经检验发现有法规禁运的有害生物时，应拒绝入境，或退货，或就地销毁；有的则限定在一定的时间或指定的口岸入境等。

（2）消毒除害处理。对休眠期或生长期的植物材料，到达口岸时用农药进行化学处理或热处理。

（3）改变输入植物材料的用途。对于发现疫情的植物材料，可改变原定的用途计划，如将原计划用于其他用途的材料在控制的条件下进行加工食用，或改变原定的种植地区等。

（4）铲除受害植物，消灭初发疫源地。一旦危险性有害生物入侵，在其未广泛传播之前，就将已入侵地区划为“疫区”进行严密封锁，是检疫处理中的最后保证措施。

5.提高检疫水平的具体措施

（1）增加西瓜、甜瓜检疫病害的数量。我国现行的检疫性有害生物名单中，涉及西瓜、甜瓜的不多，从把关这方面讲，保护的面不够，一定程度上有传入新病害的风险。为此，需要采取审慎的态度，在适当的时候，将那些具有检疫重要性的西瓜、甜瓜病害主动纳入检疫目标范围，以增加保护面，降低危险性病害传入和重大经济损失的风险。

（2）提高检测技术水平。已报道的西瓜、甜瓜病害很多，病原包括病毒、真菌、细菌等。其中有些病原能经种子传播，具有重要的经济意义。而其检疫检验的难度不亚于现行一、二类名录中涉及的有害生物，为此需列出具有检疫重要性的病害，如西瓜细菌性果腐病等进行专门的研究，以提高其检出率。

（3）提高检疫监管水平。当前西瓜、甜瓜种子进出境十分频繁，既有生产用种，也有外繁制种业务。检疫部门一方面要根据我国的进出境植物检疫法，防止有关检疫性病虫害传入我国，另一方面要根据对外制种合同中明确提出的应检疫病虫害，积极主动地开展相应的检疫业务。对进口繁殖用种，要进行跟踪检验，在生产中发现问题，要及早解决。

二 农业防治

农业防治是为防治农作物病、虫、草害所采取的农业技术综合措施，调整和改善作物的生长环境，以增强作物对病、虫、草害的抵抗力，创造不利于病原物、害虫和杂草生长发育或传播的条件，以控制、避免或减轻病、虫、草的危害。

1.清园控害技术

（1）选用良种，培育壮苗。选用抗病良种能提高西瓜、甜瓜抗病的能力。育苗应选用无病新床土，最好是多年未种过同一作物的土壤，或购买经过消毒的基质。注意不要在病区温室取土育苗或分苗，以防幼苗感染病菌。如图4–1所示为培育壮苗。

图4–1 培育壮苗

（2）合理密植。根据具体情况和品种形态特性，合理密植。密度不能太大，同时，施用以腐熟农家肥为主的基肥，增施磷钾肥。防止偏施氮肥，导致植株过密而徒长，影响通风透光，降低抗性。

（3）清洁田园。定植前要清除温室内残茬及枯枝败叶，然后深耕翻地。发病前期及时摘除病叶、病花、病果和下部黄叶、老叶，并带到室外深埋或烧毁，保持温室清洁，减少初侵染源。如图4-2所示。在田间操作时要注意区分健株与病株，以防人为传播病菌。

图4-2　摘除老叶和病果

（4）降低温室内湿度。高垄栽培，采用滴灌供水，避免大水漫灌，浇水最好在晴天的早晨进行，忌阴雨天浇水，可有效降低室内湿度。另外，在垄沟里铺一层麦秸秆，不仅可保护地表墒情，而且能缓和作物生长层气温变化，减少因高湿、大温差所造成的结露，并有吸潮作用。如图4-3所示。

图4-3　铺麦秸秆遮阴保湿

（5）去除残留花瓣和柱头。如灰霉病对果实的初侵染部位主要为残留花瓣及柱头处，然后再向果蒂部及果脐部扩展，最后扩展到果实的其他部位。因此，应在蘸花后7~15天（幼果直径在1厘米左右）摘除幼果残留花瓣（如图4-4所示）及柱头。具体操作方法是：用一只手的食指和拇指捏住果柄，另一只手轻微用力即可摘除残留的花瓣和柱头。

图4-4　去除残留花瓣和柱头

2.保护地（温室）土壤消毒技术

石灰氮又叫氰氨化钙，是一种与常规氮肥不同的肥料，其分解的中间产物氰氨和双氰氨都具有防病、灭虫的作用；最终产物为氨，其氮素在土壤中长期以氨态氮形式存在，不易淋失，从而具有肥效高、持效长的特点；还可清除土壤酸化，促进有机质的分解，具有改良土壤的作用，是目前替代高毒农药较理想的一种土壤消毒剂。

石灰氮土壤消毒操作方法如下。

施稻草+石灰氮。将棚室内清洁整理干净，稻草粉碎成3~5厘米备用。地面平整后，均匀撒入石灰氮，用量为每亩施用石灰氮40~60千克。按750千克/亩的用量将稻草均匀撒入田间。如图4-5所示。

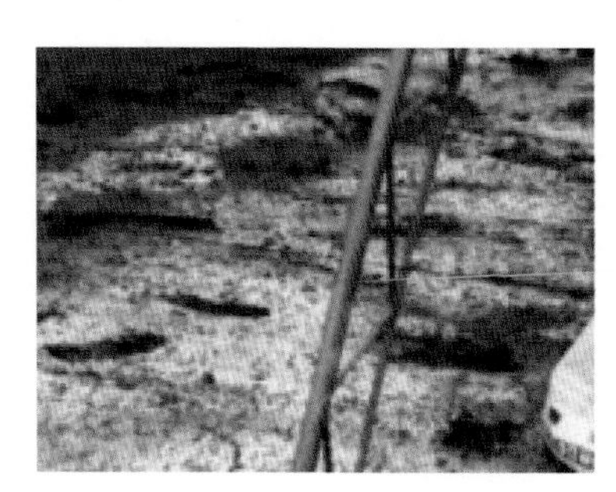

图4-5　撒石灰氮与铺稻草

旋耕。旋耕可以使温室内土壤疏松，使石灰氮混合物分布均匀，施肥后旋耕5次。如图4-6所示。

起垄。起垄可以增加地面受热面积，旋耕后起垄，垄宽60~70厘米，高度越高越好。如图4-7所示。

图4-6　旋耕

图4-7　起垄

铺设地膜。将地膜一端压好后，反方向压折，保证盖严，不透气。然后足量浇水，让垄畦充分被水渗透。如图4-8所示。

封棚。封闭所有出气口，保证温室的密闭性。闷棚持续25天以上才可揭棚。

图4-8　铺设地膜

注意事项。①消毒期间天气晴好，棚室和地面覆膜密闭较好，可有效提高棚室和土壤耕作层温度，积温高，处理效果好，处理时间可相对缩短。②整地土层翻耕浇水，土团大小要均匀，稻草不宜过长，稻草、石灰氮翻耕混合要均匀，否则影响处理效果。③只要稻草和石灰氮等量或石灰氮少于稻草的数量，则土壤酸碱度不会明显升高。处理时浇水不足，部分病菌和杂草处于休眠状态，则会降低防治效果。④由于处理后土壤内所有微生物都被杀灭，新的有害微生物一旦传入，将很快成为优势种群，所以处理后应特别注意防止有害病虫的再传入。

3.保护地高温闷棚技术

近年来，随着保护地西瓜、甜瓜连年栽培，以及盲目施肥和不科学的管理等诸多原因，造成土壤中真菌（如镰刀菌、疫霉菌、轮枝菌等）、细菌（如青枯菌、欧氏杆菌等）、根结线虫、地下害虫（如蛴螬、金针虫等）等病虫害的发生越来越严重，给大棚户带来了很大的危害。在棚室换茬之季，即7~9月份高温季节，采用高温闷棚技术，既能熟化土壤，增加有机质含量，改善土壤结构，又可灭除由于连作而引发的致病病菌及地下害虫，增产和提质效果显著。这种方法成本低，污染小，操作简单，效果好，对降解土壤中的肥残、药残和重金属残留具有明显作用，可为生产绿色产品创造有利条件。

闷棚前的准备。棚内拉秧完以后，把地面上的枯枝败叶全部清理干净，以带走枝叶上的病原菌及虫卵，然后关闭上下风口，检查棚体的薄膜是否有漏洞跑温的地方。

整地施肥。地要整平，整细，并结合整地施肥，以杀死有机肥中的病菌。施有机肥，如鸡粪、猪粪、牛粪等，或利用植物秸秆如玉米秆、稻草（切成3~5厘米长小段），如果加入植物秸秆，每亩相应增施15~20千克尿素，因为秸秆在腐熟分解的过程中需要消耗一定量的氮素。有机肥亩用量一般为3 000~5 000千克，均匀撒施在土壤表面，然后深翻25~30厘米。有机肥如鸡粪、干牛粪等，有提高地温和维持地温的作用，使杀菌效果更好。地整好后，再按照作物的种植方式起垄或做成高低畦，这样可使地膜与地面之间形成一个小空间，有利于提高地温。

灌水。大棚四周做坝，灌水，水面最好高出地面3~5厘米，有条件的覆盖旧薄膜，要关好大棚风口，盖好大棚膜，防止雨水进入，严格保持大棚的密闭性，使地表下10厘米处温度达到70 ℃以上，地表下20厘米处地温达到45 ℃以上，以达到灭菌杀虫的效果。土壤的含水量与杀菌效果密切相关，如果土壤含水量过高，对于提高地温不利；土壤含水量过低，又达不到较好的杀菌效果。实践证明，土壤含水量达到田间持水量的60%~65%时效果最好。

密闭大棚。用大棚膜和地膜进行双层覆盖，周遭一定要用土压严压实，严格保持大棚的密闭性，防止薄膜破损泄漏热气，降低熏蒸效果（为了验证膜下温度，也可以在双膜下放一个空矿泉水瓶）。在这样的条件下处理，地表下10厘米处土壤最高地温可达70~75 ℃，地表下20厘米处的地温可达45 ℃以上，这样高的地温杀菌率可达80%以上，同时这样的高温足以使以前放置的矿泉水瓶皱缩为一团。如图4-9所示为覆盖地膜。

图4-9　覆盖地膜

闷棚方式。①干闷。棚内拉秧完以后，把地面上的枯枝败叶全部清理干净，以带走枝叶上的病原菌及虫卵，不用浇水，然后关闭上下风口，直接闷棚。②湿闷。棚内清理完植株以后，旋过起垄，起完垄以后，直接在垄上铺上滴灌管，浇足水，铺上地膜，然后进行闷棚。③干闷和湿闷结合。在植株收获完后先直接进行干闷。在起完垄以后，在垄沟内浇足水，垄上铺上滴灌管，浇足水，然后覆上薄膜，再进行湿闷。棚内的高温高湿的环境，有利于土层及空气的消毒灭菌。通过干闷和湿闷相结合，可以更好地达到闷棚的效果。

闷棚时间。绝大多数病菌不耐高温，经过很短时间的热处理（一般为10天左右）即可被杀死，如一些立枯病病菌、菌核病病菌、疫病病菌等。但是有的病菌特别耐高温，如根腐病病菌、枯萎病病菌等一些深根性土传病菌，由于其分布的土层深，必须处理20~400天才能达到较好效果，闷棚的时间越长越好。因此，进行土壤消毒时，不但要结合不同的作物进行不同程度的土壤深翻，而且还应根据棚内所种作物及其相应病菌的抗热能力来确定消毒时间的长短。

土壤消毒后的处理。①在高温闷棚后必须增施生物菌肥，因为在高温状态下，土壤中的无论有害菌还是有益菌都将被杀死，如果不增施生物菌肥，那么定植后若遇病菌侵袭，则无有益菌缓冲或控制病害发展，很可能会大面积发生病害，特别是根部病害，因此在定植前按每亩80~120千克的生物菌肥用量均匀地施入定植穴中，再用工具把肥和土壤拌匀后定植作物，以保护根际环境，增强植株的抗病能力。②太阳热消毒对不超过15厘米深的土壤效果最好，对超过20厘米深的土壤消毒效果较差，因此，土壤消毒后最好不要再耕翻，即使耕翻也应局限于10厘米的深度。否则，会将下面土壤的病菌重新翻上来，发生再污染。太阳热消毒法虽不能对大棚进行彻底灭菌，却能大幅度降低田间的病菌密度，大大减少作物发病的机会，其消毒效果能持续2年，所以对大棚可以2年消毒1次。③因为土壤中拌有农家肥等有机肥，在高温发酵的过程中会产生大量的氨气，所以应当在揭膜通风5~7天后再定植作物，以防产生气体危害。

注意事项。高温闷棚前千万不要随翻地施入生物菌肥。因为夏季闷棚时的温度一般常可达到70 ℃以上，很容易将生物菌杀死。因此，生物菌肥应在高温闷棚后施入。

4.土壤深翻防治技术

土壤是作物生长发育的基地，是高产保质的基础性的条件。深耕是一项改良土壤的重要措施。在深耕的基础上，结合施用大量有机肥料、改善排灌条件就可以创造出良好的土壤。深耕还可将根茬翻入土壤深层，可以清洁田园，减少植物根系与病原菌的联系。利用土埋和暴露病源的方法，可以在自然温度和干燥条件下提高病原菌的死亡率，减少病虫侵染的效果，提高西瓜、甜瓜产量。同时，经过深耕晒垡或冬耕冻土，可以改善土壤的理化性质，达到疏松柔软、提高通透性的目的。

深翻深度。深翻整地主要是在进行土壤整理时加深土层的耕耘深度，以增加土壤的保墒保水能力。选择深度需要按照地块类型、整地目的等因地制宜地选择。一般情况下，深翻土地以25~30厘米，深翻种植沟以35~45厘米为最佳。

深翻时间。一般在9~12月，秋季作物收获后，在霜降前后（封冻、封地前）除去前茬作物的病残体。整地时需要对土地进行深翻处理，以帮助土壤存储秋季和冬季的雨水和雪水，提高土壤的御寒效果。经冬季冻晒，多积雨雪，土壤风化、分解，病虫害减少。深翻增加了土壤的透气性，有利于西瓜根系的发育和产量的提高。

深翻方式。抓住冬季土壤闲置的时间，用深耕犁进行土壤深翻，耕地深度最好为35~40厘米，深翻后不要耙平，让土壤进行长期裸露冻晒，这样经过一段时间，基本上可以杀灭土壤中的病菌。直到种植前10天再进行一次性旋耕耙平。

机具要求。一般要求以36千瓦以上拖拉机为动力，配置相应的深翻机具进行作业，深翻机械有单独的深松机。也可在综合复式作业机上安装深松部件，或在中耕机安装深松铲进行作业。

深翻要点。深翻主要根据土壤情况进行处理，对于含水量小的土壤在进行深翻作业时效果较差，会导致大的土块和深翻沟等情况的出现。对于不同土质，深翻不同，墒情就不同。深翻作业是有周期性的，周期与深翻年限、土壤土质和耕作制度相关，如果一年要种两茬作物，深翻的周期需要短一些。

注意事项。①耕层逐步加深，不可操之过急。②增施有机肥料，缺乏有机肥料时，加深耕层往往会导致减产。

5.硫黄熏蒸消毒技术

温室大棚通风条件差，室内空气湿度高，使得室内病害的发生量急剧增加。为了控制病害，又不得不频繁地喷施各种农药，大量、频繁地使用农药使室内病菌产生抗药性，导致农药的防治效果越来越差。硫黄蒸发器的出现，就很好地解决了上面的这个问题。它的工作原理是将高纯度的硫黄粉末用电阻丝或灯泡加热直接升华成气态硫，使其均匀地分布于密封的温室大棚内，抑制室内空气中及作物表面病虫的生长发育，同时在作物的各个部位形成一层均匀的保护膜，可以起到杀死病原菌和防止病原菌侵入的作用。

使用数量。熏蒸器有效熏蒸距离为6~8米，覆盖范围为

60~100平方米，田间使用时熏蒸器间距可设为12~16米。每亩放熏蒸器5~8个，每次用硫黄20~40克。硫黄投放量不要超过钵体的2/3，以免沸腾溢出。

悬挂高度。高度为距地面1.5米。熏蒸器在这个高度时硫黄粒子在水平靶标背面的沉积密度相对较高，有利于作用于靶标作物叶片背面的病原菌。熏蒸器不能距棚膜太近，以免棚膜受损。一般建议在熏蒸器上方40~60厘米高度设置直径不超过1米的遮挡物。

悬挂位置。位置距后墙3~4米。受重力影响，距离熏蒸器1~3米处沉积的硫黄粒子多，随着距离的增大，沉积的粒子密度变小。棚室南北跨度一般为8米，因此将熏蒸器放在棚内中间位置将有利于硫黄粒子的扩散。一般每隔10~16米挂一个，既无盲区，也无重复覆盖区。

熏蒸时间。硫黄熏蒸一般用作发病前的预防和发病初期的防治，一般每次不超过4小时，熏蒸时间为晚上6点至10点。选择这个时间段熏蒸，既能保证人员安全，又能实现全棚密闭，还可以避开中午气温较高时段对作物造成的药害。熏蒸结束后，保持棚室密闭5小时以上，再进行通风换气。

注意事项。①硫黄熏蒸器应当在冬季闭棚期间应用，放风过度的棚室不适宜采用。②硫黄熏蒸器应当在棚室内病害较轻时开始使用，否则，应当结合用药，治疗病害。③安装距离为8~10米，间距不可过大，否则影响病害防治效果。④硫黄熏蒸器安装时，应距棚面不少于1米，以防止硫黄老化棚膜，也可在硫黄熏蒸器上方的棚膜处加一小块塑料膜，以保护棚膜。⑤每天使用时间为3~4小时，关闭电源后，应闭棚5小时以上，才能起到较好的杀菌作用。生产后期，叶片自然老化情况较重，应适当缩短使用时间，不可过长，否则易引起叶片轻微老化。可定期往叶面喷施叶面肥，缓解老化症状。⑥为减少投入，可两个棚室共用一组硫黄熏蒸器，但要做好防漏电的保护措施。⑦棚室内电线和控制开关应有防潮和漏电保护功能，安装位置应高出地面1.8米，避免触及操作人员。

6.嫁接栽培防病技术

利用根系发达、抗病抗逆性强的砧木嫁接品质优良的瓜类蔬菜，可增强抗病、抗逆能力，促进作物健康生长，延长采收期，有效提高品质和产量。目前，我国嫁接技术已在番茄、茄子、黄瓜、苦瓜、西葫芦、西瓜、甜瓜等瓜类蔬菜上得到普遍应用，对于防治瓜类蔬菜枯萎病、黄萎病、根腐病、青枯病等土传病害，抵御高温、高湿、干旱、盐渍等恶劣环境条件成效显著，是克服连作障碍的有效措施之一。

砧木品种选择。嫁接砧木品种须亲和性好、抗病性强、生长发育快，对品质无显著影响。西瓜、甜瓜常用的嫁接砧木有南瓜、葫芦和冬瓜三种，目前西瓜、甜瓜嫁接多用南瓜，如图4-10所示。

图4-10 南瓜砧木

播种时期、播种量。南瓜、薄皮甜瓜的千粒重分别为140~350克和9~20克，其中因品种不同而有变化。生产中按照薄皮甜瓜的定植数再加20%~30%，作为砧木和接穗育苗播种量。接穗多采用撒播方式育苗，即将接穗种子撒播于塑料平底盘之中，塑料盘底部均匀铺一层4厘米厚左右的基质，然后将种子均匀撒在基质上，密度以种子不重叠为宜，然后覆盖1厘米厚蛭石，覆膜保温，以白天28 ℃、夜间18 ℃为宜，出土后注意及时脱帽。如图4–11所示为接穗平盘育苗。

图4–11　接穗平盘育苗

根据幼苗出圃日期确定砧木播种日期，如嫁接苗在1~2月出圃，则提前45~50天播种；如在3月出圃，则提前35天左右播种；如在4月出圃，则提前25天左右播种。采用插接和双断根嫁接时，葫芦砧木应较接穗提前5~6天播种，南瓜砧木应提前3~4天播种，当外界气温较低时，可增加砧木与接穗播种的间隔时间；采用靠接时，砧木要比接穗晚播3~5天。

嫁接方法。常用嫁接方法有插接法、靠接法、劈接法、贴接法等。嫁接前应对嫁接工具和嫁接的场所用甲醛进行充分消毒。

插接法。多应用于西瓜嫁接。接穗子叶刚展开，砧木真叶露出时为嫁接适期。嫁接前准备一个粗度与接穗下胚轴粗度相近的竹签。嫁接时，先去除砧木真叶和生长点，将事先准备好的竹签，在砧木除生长点的切口处，以45度角斜插出直径0.5~1厘米的小孔。以竹签插入砧木下胚轴表皮而未破为宜，备用。再取接穗，在子叶下方1.0厘米左右处削成楔形，长度为0.6厘米左右。将竹签从砧木上拔出，将接穗的切面向下插入竹签的插口内，深度以插口吻合并插紧为宜，砧木子叶方向要与接穗的子叶方向垂直，呈“十”字形交叉。插接方法简单，只要砧木苗下胚轴粗壮，接穗插入较深，成活率就高，是目前生产上用得较多的一种嫁接方法。如图4-12所示。

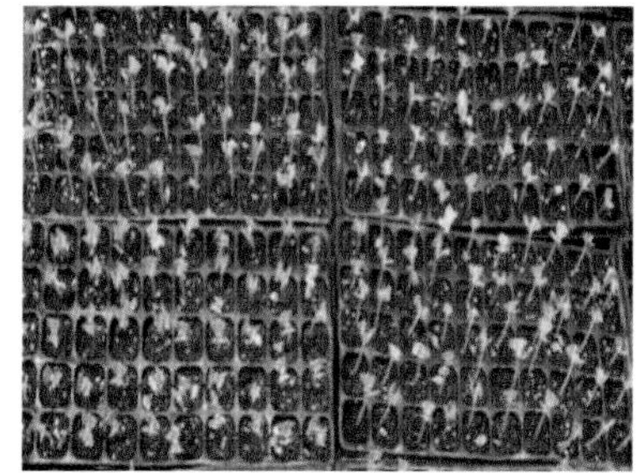

图4-12　插接法嫁接

靠接法。多应用于西瓜嫁接。此种嫁接方法要求接穗苗和砧木苗大小相近，以接穗苗第1片真叶展开，砧木苗子叶完全展开为嫁接适期。嫁接时，先用刀片去除砧木苗的生长点，再用刀片在砧木苗子叶下方0.5~1厘米处，以45度角方向向下斜切，切至下胚轴的粗度的1/2左右处，切口深度0.5厘米左右，备用。再取接穗，用刀片在接穗苗子叶下方1~1.5厘米处，以40度角向上斜切，切至下胚轴的粗度的1/2~2/3，切口深度0.5厘米左右。以嫁接后接穗子叶略高于砧木子叶为标准。后将接穗和砧木苗略微倾斜，将切口相互嵌入，达完全吻合，并呈“十”字交叉状。再用嫁接夹固定接口部位。后装入营养钵中，移栽时将接穗苗和砧木苗的根部分开1厘米左右的距离，并保证接口与土壤表面2厘米左右的距离。靠接法接口愈合好，成苗长势旺，管理方便，成活率高，但操作麻烦。如图4-13所示。

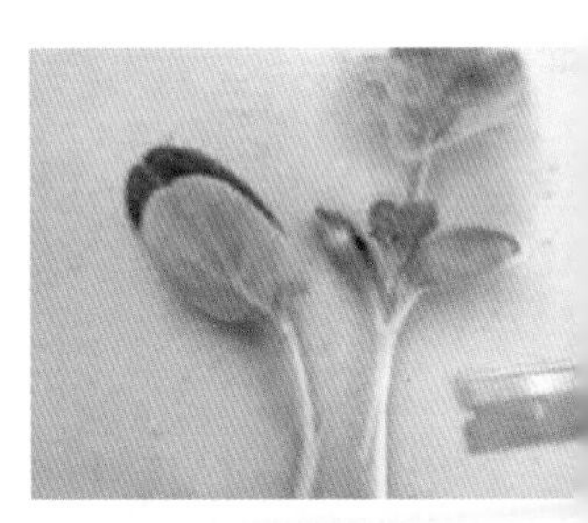
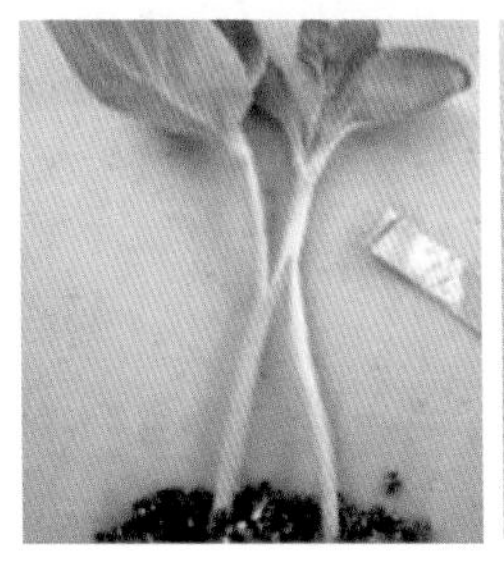

图4-13　靠接法嫁接

劈接法。多应用于西瓜嫁接。接穗子叶展平，第一片真叶刚刚露出，砧木真叶已明显露出时为嫁接适期。嫁接时，先将砧木生长点去除，用刀片从子叶中间一侧向下劈开长度约0.8厘米的接口，备用。注意切不可将整个茎劈开。然后，取接穗，在接穗子叶下方2厘米左右处，削成0.7~0.8厘米的楔形接口。将接穗对准接口插入砧木中，并用嫁接夹固定好即可。劈接法对操作技术、嫁接后管理要求较高，且费工费时，故一般较少采用。

贴接法。西瓜、甜瓜嫁接均适用。嫁接时先将砧木的生长点和1片子叶去掉，在砧木顶端形成一个斜面，备用。取接穗，用刀片在接穗子叶下1厘米左右处，由上向下同方向削掉部分下胚轴及根部形成一个斜面。然后将砧木和接穗的斜面接口对齐贴好，并用嫁接夹固定好。

双断根嫁接。西瓜、甜瓜嫁接均适用。砧木长到1叶1心，接穗子叶、真叶露心时为嫁接适期。嫁接当天提前抹去砧木的基部生长点，并从其子叶下5~6厘米处平切断，切下后的砧木要保湿，并尽快进行嫁接，防止萎蔫。然后用竹签在砧木切口上方处顺子叶连线方向成45度角斜戳约0.5厘米深，直到将下胚轴戳通少许为止；在接穗苗子叶基部0.5厘米处斜削一刀，切面长0.5~0.8厘米；取出接穗苗，下胚轴留1.5~2.0厘米，用刀片斜削一刀，迅速拔出砧木中的竹签，将削成斜面的接穗下胚轴准确地按竹签插入方向斜插入砧木中，使之与砧木切口刚好吻合，并使接穗子叶与砧木子叶成“十”字形交叉。嫁接后要立即将嫁接苗保湿，尽快回栽到准备好的穴盘中。插入基质的深度为2厘米左右，回栽后适当按压基质，使嫁接苗与基质接触紧密，防止倒伏，并有利于生根。如图4–14所示。

图4-14　双断根嫁接

嫁接后苗床管理。嫁接后苗床管理注意以下几方面。

温度。嫁接后的温度管理可以分为5个阶段：第一阶段为愈合期，3天左右，白天温度控制在28 ℃~30 ℃，夜间温度控制在20 ℃~25 ℃；第二阶段为成活期，4~6天，白天温度控制在26 ℃~28 ℃，夜间温度控制在18 ℃~25 ℃；第三阶段为适应期，7~10天，白天温度控制在22 ℃~25 ℃，夜间温度控制在15 ℃~20 ℃；第四阶段为生长期，10~14天，白天温度控制在20 ℃~25 ℃，夜间温度控制在15 ℃~16 ℃；第五阶段为炼苗期，出苗前5~7天，温度继续降低，白天温度控制在20 ℃左右，夜间温度控制在10 ℃左右，逐步达到定植后的环境温度。

光照。嫁接后前3天，应当避免阳光直射，可透过散射光以防砧木黄化；从第4天开始早晚见光半个小时，先是散射光、侧面光，逐渐增加见光量，以后逐渐延长见光时间，晴天中午强光下仍需遮光；7~10天当嫁接苗成活后开始通风换气，待接穗第二片真叶长出时，可撤掉遮盖物，使嫁接苗适应正常的苗床环境。但要时刻注意天气变化，特别是多云转晴天气，转晴后接穗易萎蔫，一定要及时遮阴，经过见光、遮阴、见光的炼苗过程。

肥水。湿度管理总的原则是“干不萎蔫，湿不积水”，即湿度应控制在接穗子叶不萎蔫、生长点不积水的范围内。晴天应以保湿为主，阴天宁干勿湿；嫁接后3天内，要求苗床湿度比较大，空气湿度在90%~100%；嫁接3天后开始通风，以叶片不萎蔫为宜，嫁接苗成活后，湿度一般控制在70%左右，要加强通风，避免苗床湿度过大，嫁接苗床的空气湿度低，接穗易失水萎蔫，影响嫁接成活率。但穴盘内基质湿度不要过高，以免烂苗或引起病害的发生。如果发现瓜苗叶色浅，长势不壮实，可以结合防病喷施0.3%的尿素或0.2%~0.5%的三元复合肥。成苗期应减少施肥，可以增施硝酸钙健壮瓜苗。薄皮甜瓜嫁接苗在适宜的温度、湿度、光照条件下，一般经过8~12天后嫁接口完全愈合，嫁接苗开始生长，在嫁接后第7天，及时除去砧木生长点处的不定芽或者叶片，以免消耗养分，影响接穗的生长。要使瓜苗生长一致，提高商品苗率。

三 生物防治

1.枯草芽孢杆菌防病技术

枯草芽孢杆菌是一种微生物源低毒杀菌剂，属微生物制剂，菌种从土壤中或植物茎上分离获得。该药使用安全，不污染环境，没有残留。用作包衣处理种子后，具有防病、刺激作物生长、增产增收的多重作用。其适用作物和防治对象非常广泛，但目前生产上主要用于防治白粉病、灰霉病、青枯病、枯萎病等病害。

喷雾。防治灰霉病、白粉病时，从病害发生初期开始喷药，7~10天1次，需要连喷2~3次。一般每667平方米使用1 000亿活芽孢/克可湿性粉剂50~60克，兑水30~60升喷雾；或使用10亿活芽孢/克可湿性粉剂600~800倍液喷雾，喷药应均匀、周到。防治棉花黄萎病时，每667平方米使用1亿活芽孢/克可湿性粉剂75~100克，兑水30~45升均匀喷雾。

灌根。防治青枯病、枯萎病时，多采用药液灌根方法用药。从发病初期开始灌药，10~15天1次，需要连灌2~3次。一般使用10亿活芽孢/克可湿性粉剂600~800倍液灌根，顺茎基部向下浇灌，每株需要浇灌药液150~250毫升。

拌种。用枯草芽孢杆菌拌种子，对枯萎病有一定的防治效果。一般使用10亿活芽孢/克可湿性粉剂，按1∶10~1∶15的药种比拌种。生长期结合相同药剂喷雾防效更好。

种子包衣。种子包衣后，可以减轻细菌性病害、白叶枯病等病害的危害，并具有刺激植株生长、增产增收的功效。一般使用1万活芽孢/毫升悬浮种衣剂，按1∶40的药种比种子包衣。

注意事项。枯草芽孢杆菌在密封、避光、低温（15 ℃左右）条件下贮存。使用悬浮种衣剂时，应充分摇匀后再用，且不能与含铜离子药剂、乙蒜素及链霉素等杀菌剂混用。

2.木霉菌防病技术

木霉菌属于半知菌类的丝孢纲丛梗孢目丛梗孢科，地球上已知的大概有80多种木霉菌，能够快速产生孢子，可以市场化的主要有哈茨木霉、深绿木霉、长枝木霉菌、短密木霉等。木霉菌可产生许多对植物病原及昆虫具有拮抗作用的生物活性物质，从而达到防病、治病的效果，而且还能促进生长，提高养分利用率，增强作物抗逆性和修护农化环境污染等。防治对象主要包括：土传病菌，包括白绢病菌、立枯丝核菌、腐霉、核盘菌、尖孑包镰刀菌、瓜果腐霉、大基点核菌等；叶部病原菌，包括灰葡萄球菌、灰葡萄孢菌、立枯丝核菌等；储藏期病原菌，包括灰葡萄球、青霉等。通过种子处理、土壤处理、叶面喷施等方式可以防治生产中的真菌病害。如何使木霉菌能够更好地发挥抑菌活性，对探索木霉菌防治蔬菜病害应用技术尤为重要。生产上必须在合理的时期针对不同植株采取不同的施药方式和手段，才能使木霉菌的抑菌活性发挥到最佳。

拌土防治苗期病害。土壤处理操作简单，且能促进木霉菌迅速定植，是目前普遍使用的田间施药方法，适用于预防及早期发病的防治处理。①自制生防制剂：采用质量比为6∶4的米糠与稻壳作为培养基质。所加水分与基质的质量比为1.2∶1，混匀。按质量比40∶3的比例向其中接种木霉孢子悬浮液，孢子浓度为1×10^7个/毫升，混匀，用塑料布封好。25 ℃黑暗环境培养3天后，置于12小时日光照射下培养15天，即制成木霉菌土壤处理剂。木霉菌土壤处理剂与苗床土按1∶100的比例均匀搅拌，然后播种，可以有效防治由终极腐霉菌、立枯丝核菌、小菌核菌、尖孢镰刀菌及交链孢霉等土传病原菌引起的苗期病害。②商品制剂：用活孢子2亿个/克木霉菌可湿性粉剂100克拌苗床土200千克，可防治多种土传病害。

蘸根防治疫病。定植前，用活孢子1亿个/克木霉菌水分散粒剂稀释200倍进行蘸根处理，然后定植，可以防治疫病的发生。

穴施药防治土传病害。可以在移栽时每穴施活孢子2亿个/克木霉菌可湿性粉剂2克，木霉菌制剂上覆一层细土后将幼苗移入穴内，覆土浇水，可以控制由腐霉菌、疫霉菌和镰刀菌引起的枯萎病、根腐病的发生。

喷雾防治叶部病害。低温高湿的大棚里，在开花前，灰霉病、菌核病发生的初期，每亩用活孢子2亿个/克木霉菌可湿性粉剂按150~200克的制剂用量喷施防治，连续用药3次，1周喷施1次，可以有效预防灰霉病和菌核病的发生，湿度大时防治效果好。在霜霉病零星发病时，每亩可用活孢子2亿个/克木霉菌可湿性粉剂按100~150克的制剂用量喷施防治，连续喷施2次，间隔期为5天。

注意事项。①使用木霉菌时切勿同时使用杀菌剂，如果一定要使用，建议在使用杀菌剂之后的5~7天后再使用木霉菌。②切勿在高温强光下使用木霉菌；切勿将木霉菌使用在土壤地表，以免紫外线过强而引起杀菌。③使用木霉菌之后应保持土壤5~7天湿润，不可过干以免影响萌发。④包装即开即用，以防感染其他杂菌；在使用粉剂滴灌时，应尽可能缩短滴灌时间；木霉菌属于好氧菌，长时间缺氧会降低木霉菌活性。⑤木霉菌最好是搭配使用，如根部处理时可配合其他生物刺激剂，不仅有益于木霉菌的生长，还能增强土壤改良效果，提升作物的营养水平。

3.天然植物源农药防病技术

植物源农药是指利用植物的某些部位（根、茎等）所含的稳定的有效成分，按一定的方法对受体植物进行使用后，使其免遭或减轻病虫、杂草等有害生物为害的植物源制剂。植物源农药在农作物病虫害防治中具有对环境友好、毒性普遍较低、不易使病虫产生抗药性等优点，是生产无公害农产品应优先选用的农药品种。目前已有大蒜素、香芹酚、小檗碱、蛇床子素、苦参碱、除虫菊素、苦皮藤素、香菇多糖、氨基寡糖素、藜芦碱、狼毒素、印楝素、桉油精、鱼藤酮、莪术醇、烟碱等植物源农药获得农药登记，并广泛应用于农业生产。

大蒜素。主要用于防治细菌病害，病害发生前进行预防，用1 000~1 500倍液兑水喷雾，连续用2~3次，间隔7天，预防效果为90%以上；病害发生初期进行预防性治疗，可用1 000倍液喷雾，连续2~3次，间隔5天，防治效果为80%~85%；病害发生后期进行治疗，用500~1 000倍液+喹啉铜/噻唑锌（0.5~0.8倍用量）兑水喷雾，连续2~3次，间隔3~5天，治疗效果为70%~85%。

蛇床子素。主要用于防治真菌病害。病害发生前进行预防，用300~500倍液兑水喷雾，连续用2~3次，间隔7天，预防效果为85%以上；病害发生初期进行预防性治疗，用300倍液兑水喷雾，连续用2~3次，间隔5天，防治效果为78%~84%；病害发生后期进行治疗，用300倍液+醚菌酯/苯醚甲环唑（0.6~0.8倍用量）兑水喷雾，连续用2~3次，间隔3~5天，治疗效果为65%~70%。

香芹酚。主要防治灰霉病。病害发生前进行预防，用300~500倍液兑水喷雾，连续用1~2次，间隔7天，预防效果为85%以上；病害发生初期进行预防性治疗，用300倍液兑水喷雾，连续用2~3次，间隔5天，防治效果为75%~82%；病害发生后期进行治疗，用300倍液+嘧霉胺或啶酰菌胺（0.8~1.0倍用量）兑水喷雾，连续用2~3次，间隔3~5天，治疗效果为62%~68%。

氨基寡糖素。主要用于防治白粉病。病害发生前进行预防，用300~500倍液兑水喷雾，连续用1~2次，间隔7天，预防效果为90%以上；病害发生初期进行预防性治疗，用200倍液兑水喷雾，连续用2~3次，间隔5天，防治效果为81%~86%；病害发生后期进行治疗，用200倍液+醚菌酯或苯醚甲环唑（0.5~0.7倍用量）兑水喷雾，连续用2~3次，间隔3~5天，治疗效果为65%~70%。

小檗碱。主要用于防治真菌病害。病害发生前进行预防，用300~500倍液兑水喷雾，连续用1~2次，间隔7天，预防效果为85%以上；病害发生初期进行预防性治疗，用300倍液兑水喷雾，连续用2~3次，间隔5天，防治效果为78%~83%；病害发生后期进行治疗，用300倍液+嘧菌酯或苯醚甲环唑（0.8~1.0倍用量）兑水喷雾，连续用2~3次，间隔3~5天，治疗效果为60%~65%。

香菇多糖。主要用于防治病毒病。病害发生前进行预防，用300~500倍液兑水喷雾，连续用1~2次，间隔7天，预防效果为85%以上；病害发生初期进行预防性治疗，用300倍液兑水喷雾，连续用2~3次，间隔5天，防治效果为80%~85%；病害发生后期进行治疗，用300倍液+宁南霉素或盐酸吗啉胍（0.8~1倍用量）兑水喷雾，连续用2~3次，间隔3~5天，治疗效果为65%~70%。

除虫菊素。主要用于防治茶小绿叶蝉。害虫发生前进行预防，用800倍液兑水喷雾，连续用1~2次，间隔7天，预防效果为90%以上；害虫发生初期进行预防性治疗，用600倍液兑水喷雾，连续用2~3次，间隔5天，防治效果为80%~84%；害虫发生后期进行治疗，用600倍液+联苯菊酯或高效氯氟氰菊酯（0.6~0.8倍用量）兑水喷雾，连续用2~3次，间隔3~5天，治疗效果为60%~68%。

苦皮藤素。防治蔬菜虫害。害虫发生前进行预防，用300~500倍液兑水喷雾，连续用1~2次，间隔7天，预防效果为85%~90%；害虫发生初期进行预防性治疗，用300倍液兑水喷雾，连续用2~3次，间隔5天，防治效果为67%~80%；害虫发生后期进行治疗，用300倍液+甲维盐或阿维菌素（0.6~0.8倍用量）兑水喷雾，连续用2~3次，间隔3~5天，治疗效果为56%~70%。

苦参碱。主要用于防治蚜虫。害虫发生前进行预防，用300~500倍液兑水喷雾，连续用1~2次，间隔7天，预防效果为90%以上；害虫发生初期进行预防性治疗，用300倍液兑水喷雾，连续用2~3次，间隔5天，防治效果为82%~86%；害虫发生后期进行治疗，用300倍液+吡虫啉或啶虫脒（0.7~0.9倍用量）兑水喷雾，连续用2~3次，间隔3~5天，治疗效果为60%~65%。

4.农用抗菌素防病技术

农用抗菌素是一种微生物产生的次级代谢产物，可以用于防治作物病虫草害，它和化学农药的主要区别在于它是生物合成的，具有活性高、防治效果好、对使用环境的污染少等优点。按用途区分，农用抗菌素有杀菌剂、杀虫剂、杀螨剂、除草剂和植物生长调节剂。与一般化学合成农药相比，农用抗菌素具有以下特点：①结构复杂；②活性高、用量小、选择性好；③易被生物或自然因素所分解，不在环境中积累或残留；④生产原料为淀粉、糖类等农副产品，属于再生性能源；⑤采用发酵工程生产，同一套设备只要改变菌种即可生产不同的抗生素，生产菌大多是土壤中的放线菌，也有真菌和细菌。

农抗120。广谱抗菌素，能阻碍病菌蛋白质合成，导致病菌死亡。对许多植物的病原菌有强烈的抑制作用。用2%农抗120的150倍液灌根，每株灌药250毫升，可防治枯萎病，发病初期开始灌药，间隔7天，连灌2次，防治效果为70%以上。用150倍液喷雾对防治瓜类白粉病、炭疽病有较好的防治效果。

井冈霉素。由吸水链霉菌井冈变种所产生的抗菌素，具有很强的内吸作用，能干扰和抑制病菌细胞的正常生长发育，从而起到治疗作用。防治立枯病，在发病初期用5%井冈霉素水剂1 500倍液或5%水剂600~800倍液喷雾，视病情可于10~15天后再喷1

次，药液要喷到植株茎部；防治白绢病、根腐病，在播种于苗床后，使用5%水剂1 000~1 500倍液浇灌苗床，每平方米用药液3~4千克或者每100千克苗床土用5%水剂40~140毫升兑水后处理土壤。

春雷霉素。一种放线菌代谢物中提取的抗菌素，内吸性强，具有预防和治疗作用。可用于防治角斑病、叶斑病等细菌性病害。在发病初期用2%的春雷霉素水剂喷雾，可将药剂稀释成400~750倍液，均匀地喷到植株上。根据病情可间隔7~10天再喷雾1次，共喷2~3次。

多抗霉素。一种广谱性农用抗菌素，具有内吸性、高效、无药害等特点。对黄瓜霜霉病、白粉病、枯萎病、猝倒病等病害具有较好的防治效果。枯萎病出现零星病株时用3%多抗霉素稀释600~900倍，对病株灌根，隔7天再灌根1~2次；灰霉病每亩用10%可湿性粉剂100~150克，加水50~75千克喷雾，每周喷1次，共喷3~4次；灰霉病、白粉病用3%多抗霉素稀释600~900倍喷雾，如病情较重，隔7天再喷1次；苗期猝倒病用10%可湿性粉剂1 000倍液土壤消毒。

武夷菌素。一种很好的低毒、无残留的杀菌剂，对蔬菜、瓜果等作物的土传病害有很好的防治效果，同时还有提高作物产量，改善作物品质的作用。对叶、茎部病害，常采用600~800倍药液喷雾；蔬菜病害一般喷2~3次，间隔7~10天；对种传病害，常进行种疗，一般用100倍药液浸种24小时；对苗床、营养钵，可采用800~1 000倍药液进行土壤杀菌；对土传病害，可用500倍药液灌根。

宁南霉素。一种新型广谱强力生物杀菌剂，具有高效、低毒、低残留等特性。可有效防治多种作物的病毒病，也可防治瓜类的白粉病、蔓枯病等。防治瓜菜病毒病，用2%水剂稀释200~260倍液喷雾，隔7~10天喷雾1次；防治瓜类白粉病，用水稀释200~300倍液喷雾1~2次，隔7~10天；防治瓜类蔓枯病，发现中心病株立即涂茎，或用2%宁南霉素水剂稀释200~260倍液喷雾2~3次。

阿维菌素。属于大环内酯类抗生素，是一种生物源杀虫、杀螨、杀线虫药剂。该药内含高效渗透性助剂，可提高杀虫效力，植物表面残留少，对有益昆虫损害较小。防治小菜蛾、菜青虫、斑潜蝇等害虫，可将2%阿维菌素乳油稀释成2 000~3 000倍液喷雾防治，要选择阴天或傍晚用药，避免在强光直射下喷洒。

中生菌素。一种杀菌谱较广的保护性杀菌剂，具有触杀、渗透作用。中生菌素对农作物的细菌性病害及部分真菌性病害具有很高的活性，同时具有一定的增产作用。防治软腐病、青枯病，可于发病初期用1 000~1 200倍药液喷淋，共喷3~4次；防治细菌性角斑病、细菌性果腐病，可于发病初期用1 000~1 200倍药液喷雾，隔7~10天喷1次，共喷3~4次。

新植霉素。属于农用抗生素类，为链霉素和土霉素的混剂，对各种作物的多种细菌性病害均有特效，兼具治疗和保护双重作用。防治细菌性角斑病、叶枯病、溃疡病每亩用90%可溶性粉剂12~14克，兑水50升，在发病初期喷雾，施药浓度及施药次数可根据病情程度适当增减。喷药时应将叶片正反两面均匀喷布药液，使用时不宜与碱性农药混用；防治西瓜果腐病用90%可溶性粉剂配制成浓度为200毫克/升药液，在发病初期喷雾。

5.抗重茬微生态药肥防治重茬土传病害技术

抗重茬微生态药肥一般是从健康植株体内筛选具有防病、抗病、促生增产等作用的有益内生菌，通过发酵生产加工制备而成。所选用的菌株能在植株体内定植、繁殖和转移，调节植物体微生态系，达到防病、增产、改善品质等效果。可用于防治枯萎病、青枯病、根腐病、立枯病等土传病害。

基施。将蔬菜抗重茬微生态药肥与有机肥、农家肥或化肥等混合均匀后撒入地里，立即犁田耕耙播种，每亩用2~4千克。

穴施或沟施。将抗重茬微生态药肥与有机肥、农家肥或细土混合均匀，然后覆土定植或播种，每亩用2~4千克。

蘸根。将抗重茬微生态药肥稀释150~300倍液，移栽时先将苗根浸蘸30分钟以上，然后移栽。

灌根。在重茬病害发病初期，用抗重茬微生态药肥80~100倍液灌根，严重地块用50倍液灌根。

注意事项。①注意不得与化学杀菌剂混用。②要保存在干燥通风的地方，不能露天堆放，避免阳光直晒，防止雨淋。③与化肥混用，要现混现用，且菌剂开包后要尽快用完。④与碱性农药混用影响使用效果。⑤使用间隔期在10~15天效果更佳。

6.捕食螨防治叶螨技术

捕食螨是一类具有捕食害虫及害螨能力的螨类统称，释放人工培殖的捕食螨来控制害螨的为害，可替代化学药物防治，达到确保产量、提高安全质量、大幅度减少农药使用量及产品的农药残留量、保护农业生态环境的目的，已成为当前高品质瓜菜生产的一项重要技术。

释放前的准备工作。①高温闷棚：定植前，将棚室密闭，依靠太阳暴晒在棚内形成60 ℃左右的高温，持续10~30天，灭杀棚室内残留病虫体。②安装防虫网：清洁棚室内及周边环境，在棚室通风口及出入口安装60目防虫网，防止外界叶螨侵入；应当注意，在安装防虫网后棚室内温度会有所升高，可以通过延长通风时间、增大通风面积缓解。③移栽无病虫壮苗：定植时使用无病虫壮苗，防止将外界叶螨随秧苗带入棚室。④捕食螨（智利小植绥螨）的运输和贮存：运输时环境温度保持在10~30 ℃，运输时间不超过4天，以防捕食螨死亡。运输途中避免挤压破坏产品包装，且运输工具及运输环境应无毒、无污染，收到产品后应立即使用。⑤压低虫口：如果害螨已经发生且比较严重，需要使用化学杀螨剂进行压低虫口，2周后再释放捕食螨进行防控。

释放智利小植绥螨。①释放时间：定植后7~10天时，在害螨低密度时释放，每叶害螨虫（卵）不超过2只时开始释放智利小植绥螨。也可在温室作物定植后20天、50天、80天各释放1次，提前建立种群，长久控制害螨。②释放方法：轻摇释放瓶，将智利小植绥螨与基质混匀。旋开释放瓶盖，将智利小植绥螨连同基质均匀撒施在作物上。③释放量：每次每亩释放6 000~10 000头，每2~4周释放1次，一般需连续释放4~6次。

释放智利小植绥螨期间棚室内管理。①控温控湿：棚室内温度控制在15~35 ℃，湿度控制在60%~80%。采用滴灌或膜下暗灌，避免地表大水漫灌，并及时通风换气，以调节棚室内温、湿度。棚膜最好采用EVA或PO膜，避免塑料棚膜或棚室玻璃上形成水珠。②配套技术使用：智利小植绥螨释放前2周及释放后，选用合适的药剂。如果发生其他种类病虫害，应优先选用相应的生物或农业、物理措施等非化学农药方法进行防治。

注意事项。①尽量不要与杀虫剂同时使用，若需防治其他害虫，应在植物保护专业技术人员指导下使用选择性药剂。②捕食螨应在傍晚或阴天时释放，释放后应防止阳光直射或雨水冲刷。

7.丽蚜小蜂防治烟粉虱技术

释放前准备。①闷棚：定植前清洁田园，闷棚15天或药剂熏棚，可以杀死大量前茬病菌和害虫。②防虫网：大棚上下放风口和气窗安装60目防虫网，防止粉虱、蚜虫等小型害虫侵入。应当注意的是安装防虫网后棚内温度会有所提高，可以适当提早或者延长放风时间，也可以适当增加防虫网的宽幅，加大通风面积。③悬挂黄板：一般按每亩20片的标准悬挂，目的是监测粉虱虫口密度。④培养无病虫壮苗：不要把害虫带进温室大棚内，还要注意苗期防病。

使用方法。①释放时间：当温室大棚中刚见到粉虱或者作物定植一周后，开始释放丽蚜小蜂。不要等粉虱数量很多了再放，不然效果不好，成本也高。②释放方法：使用时直接将蜂卡挂于植株中上部的枝条上，丽蚜小蜂羽化后自动寻找粉虱，并寄生粉虱的若虫。③释放量：每亩每次释放10张小卡（2 000头），隔7~10天释放一次。一般春季白粉虱数量较少，释放1~2次就可以；秋季白粉虱数量较多，需要释放2~3次。

注意事项。①丽蚜小蜂体型较小，飞行能力有限，应将蜂卡均匀地挂在田间。②释放时间要早，要在害虫发生初期，甚至是定植后未见害虫就释放丽蚜小蜂；当害虫发生量较大时，应在压低害虫虫源基数后的适当时间使用。③防止外界虫源大量入棚，一方面要定植时尽量采购清洁苗；另一方面要确保棚室密闭性，在通风口处安装防虫网。④丽蚜小蜂适宜温度10~30 ℃、适宜湿度60%~70%，采用滴灌或膜下暗灌，控制棚室内湿度，尽量通过管理措施满足丽蚜小蜂的生长发育的条件，减少极端温度和湿度的影响，促进丽蚜小蜂产卵建立种群，从而间接增加防效。⑤释放天敌后禁用杀虫剂，避免对天敌的杀伤。

8.苏云金杆菌防治鳞翅目害虫技术

苏云金杆菌可产生两大类毒素，即内毒素（伴胞晶体）和外毒素，使害虫停止取食，最后害虫因饥饿和细胞壁破裂、血液败坏和神经中毒而死亡。外毒素作用缓慢，在蜕皮和变态时作用明显。苏云金杆菌主要对部分鳞翅目害虫幼虫有较好的防治效果，可用来防治菜青虫、烟青虫、玉米螟、棉铃虫等，其制剂杀虫的速效性较差，使用时一般在害虫1、2龄时防治效果好，对取食量大的老熟幼虫往往比取食量较小的幼虫作用更好，对人畜安全，对作物无药害，不伤害蜜蜂和其他昆虫。

防治菜青虫、小菜蛾。在幼虫3龄前，每亩用8 000单位/毫克苏云金杆菌可湿性粉剂100~300克，或16 000单位/毫克苏云金杆菌可湿性粉剂100~150克，或32 000单位/毫克苏云金杆菌可湿性粉剂50~80克，或2 000单位/微升苏云金杆菌悬浮剂200~300毫升，或4 000单位/微升苏云金杆菌悬浮剂100~150毫升，或8 000单位/微升苏云金杆菌悬浮剂50~75毫升，或100亿活芽孢/克苏云金杆菌可湿性粉剂100~150克，兑水30~45千克均匀喷雾。

防治棉铃虫、烟青虫。幼虫孵化高峰至钻铃前，每亩使用8 000单位/毫克可湿性粉剂400~500克，或16 000单位/毫克可湿性粉剂200~250克，或32 000单位/毫克可湿性粉剂120克，或2 000单位/微升悬浮剂400~500毫升，或4 000单位/微升悬浮剂200~250毫升，或8 000单位/微升悬浮剂100~120毫升，或100亿活芽孢/克可湿性粉剂250~400克，兑水45~75千克均匀喷雾。

注意事项。①在收获前1~2天停用，药液应随配随用，不宜久放，从稀释到使用，一般不能超过2小时。②施用时要注意气候条件，苏云金杆菌对紫外线敏感，故最好在阴天或晴天下午4~5时后喷施。需在气温18 ℃以上使用，气温在30 ℃左右时，防治效果最好。③加黏着剂和肥皂可加强效果，下雨15~20毫米时则要及时补施，喷施一次，有效期为5~7天，5~7天后再喷施，连续几次即可。④只能防治鳞翅目害虫，如有其他种类害虫发生，需要与其他杀虫剂一起喷施，不能与有机磷杀虫剂或者杀细菌的药剂（如多菌灵、甲基硫菌灵等）一起喷施。

9.昆虫病毒类生物杀虫剂防夜蛾科害虫技术

昆虫病毒杀虫剂是对专一的昆虫病毒进行人工培植、收集、提纯、加工而成的，因此它是一类环保型农药。该产品具有以下显著特点：一是对非靶标昆虫和其他生物非常安全；二是连续使用该类产品不会使害虫产生抗药性；三是使用中不存在残留和环境污染问题，因此在田间反复使用也没有任何问题；四是药效持续时间长。

甜菜夜蛾核型多角体病毒。防治甜菜夜蛾、斜纹夜蛾于2、3龄幼虫发生高峰期用甜菜夜蛾生物杀虫水悬剂1 000万孢子/毫升甜菜夜蛾核型多角体病毒，施药后3天开始出现防效，持效期7天。

斜纹夜蛾核型多角体病毒。防治斜纹夜蛾，并可兼治甜菜夜蛾、小菜蛾及其他某些鳞翅目害虫。每亩用200亿病毒单位/克斜纹夜蛾核型多角体病毒水分散粒剂3~4克或高氯·斜夜核悬浮剂（内含3%高氯及1 000万病毒单位/毫升斜纹夜蛾核型多角体病毒）75~100毫升，兑水喷雾。当斜纹夜蛾世代重叠严重，发育不齐、虫口密度较大时，可与低浓度化学杀虫剂混用。混用时病毒用量为每亩600亿个孢子体，化学杀虫剂为常规用量的一半。

棉铃虫核型多角体病毒。防治棉铃虫可选用以下三种棉铃虫核型多角体病毒单剂，每亩用量为：10亿病毒单位/克可湿性粉剂80~150克，或50亿病毒单位/毫升悬浮剂20~30毫升，或600亿病毒单位/克水分散粒剂20~25克，兑水喷雾。也可选用以下四种混剂，每亩用量为：1亿棉铃虫核型多角体病毒·18%辛硫磷，或可湿性粉剂75~100克，或10亿病毒单位/克棉核·16%辛硫磷可湿性粉剂80~100克，或1亿病毒单位/克棉核·2%高氯可湿性粉剂75~100克，或1 000万病毒单位/克棉核·2 000单位/微升苏云菌悬浮剂 200~400毫升，兑水喷雾。防治烟青虫可选用亩用10亿病毒单位/克棉铃虫核型多角体病毒可湿性粉剂75~100克，兑水喷雾。

注意事项。①棉铃虫核型多角体病毒可与一般杀虫剂混用，但化学药剂的混用比例要小，并且不能与酸性或碱性农药混用，由于药效较慢，单用时要比化学农药提前2~3天。②商品应贮存在通风、干燥和避光处，以免分解失效。超过保质期的制剂，药效会显著下降，不能使用。③不能在强光照、高温和雨天施药，施药当天遇雨，应重喷。④由于水分散粒剂亩用量少，为保证药效，配药时用二次稀释的方式，先制成母液，再加足够的水配制成喷雾液。

10.昆虫信息素应用技术

性诱剂诱杀害虫是通过人工合成雌蛾在性成熟后释放出一些称为性信息素的化学成分，吸引同种寻求交配的雄蛾，将其诱杀在诱捕器中，使雌虫失去交配的机会，从而不能有效地繁殖后代，减少后代种群数量而达到防治的目的。每一种昆虫需要独特的配方和浓度，具有高度的专一性，对其他昆虫种则没有引诱作用，不易产生抗药性；对环境安全，不产生污染，与其他防治技术有100%兼容性，可显著提高农产品质量。

应用时期。在害虫发生早期，虫口密度比较低时就开始使用（即在斜纹夜蛾、甜菜夜蛾、小菜蛾等害虫越冬代成虫始盛期开始使用）。

使用方法。一般每亩设置1个斜纹夜蛾专用诱捕器，每个诱捕器内放置斜纹夜蛾性诱剂1粒；每1~2亩设置1个甜菜夜蛾专用诱捕器，每个诱捕器内放置性诱剂1粒；每亩设置3~5粒小菜蛾性诱剂，可用纸质黏胶或水盆做诱捕器（保持水面高度，使其距离诱芯1厘米）。斜纹夜蛾、甜菜夜蛾等体型较大的害虫专用诱捕器底部距离作物顶部20~30厘米，小菜蛾诱捕器底部应靠近作物顶部，距离顶部10厘米即可。

注意事项。①由于性诱剂的高度敏感性，安装不同种害虫的诱芯，需要洗手，以免污染。②一般情况下一个月左右更换1次诱芯。③适时清理诱捕器中的死虫，不可倒在大田周围，而需要深埋。④诱捕器可以重复使用。⑤处理面积应该大于害虫的移动范围，以减少成熟雌虫再侵入而降低防效。

11.蜕皮激素应用技术

蜕皮激素是调节昆虫蜕皮过程的昆虫激素，主要通过促进害虫提前蜕皮，形成畸形小个体，使害虫最后因脱水、饥饿而死亡。它适用于菜青虫、斜纹夜蛾、甜菜夜蛾、小菜蛾的防治。

抑食肼。防治菜青虫、斜纹夜蛾在低龄幼虫期施药，每亩用20%可湿性粉剂50~65克或用20%悬浮剂65~100毫升，兑水40~50千克均匀喷雾；防治小菜蛾于幼虫孵化高峰期至低龄幼虫盛发期，每亩用20%可湿性粉剂80~125克，兑水40~50千克均匀喷雾；防治棉铃虫，用20%可湿性粉剂500~750倍液均匀喷雾。1代棉铃虫可在低龄幼虫期喷药，2、3代棉铃虫在卵孵化盛期用药。

虫酰肼。防治食心虫、各种刺蛾、潜叶蛾、尺蠖等害虫，用20%悬浮剂1 000~2 000倍液喷雾；防治棉铃虫、小菜蛾、菜青虫、甜菜夜蛾及其他鳞翅目害虫，用20%悬浮剂1 000~2 500倍液喷雾。

注意事项。①抑食肼速效性差，作用缓慢，施药2~3天后见效，应在害虫发生初期用药，以获得良好效果。该产品持效期长，在收获前10天内禁止施药，不可与碱性物质混用。②虫酰肼配药时应搅拌均匀，喷药时应均匀周到，施药时应佩戴手套，避免药物溅到眼睛及皮肤，喷药后要用肥皂和清水彻底清洗，生长季节最多使用4次，安全间隔期为14天。

四 物理防治

1.灯光诱控技术

该技术既能控制虫害和虫媒病害，也不会造成环境污染和环境破坏。目前在农业害虫防治中应用较为广泛的有黑光灯、高压汞灯和频振式杀虫灯等，对鳞翅目、鞘翅目、双翅目、同翅目和直翅目等多种害虫均有很好的诱杀作用。特别是对农作物为害较重的鳞翅目害虫，可诱杀其成虫，有效减少田间产卵量，对减少幼虫发生具有明显效果，从而大大减少杀虫、防病药剂的使用。

最佳诱虫时间。昆虫活动最盛期的5~10月是最好的灯光诱虫季节。晴朗无风（雨）或有微风的晚上8~10时最适开灯诱虫，这个时段诱集的昆虫可占总诱虫量的80%以上。因此，为延长灯的使用寿命和节约用电，最迟晚上12时关灯。实际操作时，每天晚上开灯2~3小时效果最好。

黑光灯可诱集昆虫16目79科700多种，7月之前主要诱集金龟子、玉米螟、地老虎、棉铃虫等的成虫。每组灯每晚能诱集1~2千克各类昆虫，可折成高档精饲料5~6千克。7月黑光灯主要诱集的是夜蛾、蝗虫、蚊、蝇、叶蝉、金龟子等；8月后，主要诱集的是蟋蟀、夜蛾、蝼蛄、蚊、蝇等。

科学安装黑光灯。①灯管的选择：20瓦和40瓦的黑光灯诱虫效果最好，其次是30瓦和40瓦的紫外线灯。②黑光灯安装：应装配上20瓦日光灯的镇流器，灯架以用金属三角架最好，亦可自制木质三角架；镇流器托板下面和黑光灯管的两侧，接着拉好线并安装好灯的开关；有条件的最好选购专用的诱虫灯，拉线后挂灯即可。使灯管仰空120°～150°，以增加光照面积。

注意事项。①不要直接吊挂黑光灯管，以免减少光照面积和影响诱虫效果。②黑光灯穿透力强，对许多昆虫有极强的引诱力，而白炽灯与此相比就差远了，故应设法选用黑光灯。③雨天、大风天和打雷时不可开灯。晴天晚上的8~10时为最佳开灯诱虫时间，再延长开灯时间效果不佳。④电源线要用新的优质线并架空于地面至少2.5米，线的接头和开关要进行防雨处理。黑光灯上一定要加装防雨罩，千万防止雨（雪）天漏电伤人。⑤若能使用双管照光灯，诱虫效果会大大提高。

2.色板诱控技术

黄板和蓝板是利用一定的波长、颜色光谱及黄油等专用胶剂制成的黄蓝色胶粘害虫诱捕器。利用蚜虫、斑潜蝇、粉虱等害虫成虫具有强烈趋黄性及蓟马具有强烈趋蓝性的特点，防治害虫的物理技术，有效控制了成虫的繁殖，一定程度上解决了药剂消灭虫卵困难的实际问题，可以避免和减少使用化学农药给人类、其他生物及环境带来的危害，诱杀率达到70%以上，是一项无污染、使用方便，诱杀效果显著、高效的环保技术。

黄板、蓝板制作方法。简单制作，将木板、塑料板或硬纸箱板等材料涂成黄色或蓝色后，在板两面均匀涂上一层粘虫胶（黄色润滑油与凡士林或机油按1：0.3的比例调匀）即可。

使用方法。露地环境下，用竹竿下端插入地里，将捕虫板固定在竹竿上端即可；棚室条件下，用铁丝或绳子穿过诱虫板的两个悬挂孔，将其固定好，将诱虫板两端拉紧垂直悬挂在温室上部。

悬挂位置。高度以超过作物生长点5~10厘米为最佳，并随着作物的生长调节高度。

悬挂密度。在温室或露地开始可以悬挂3~5片诱虫板，以监测虫口密度，当诱虫板上诱虫量增加时，应根据害虫种类增加诱虫板数量，以达到诱杀效果。

使用方法。①防治蚜虫、粉虱、叶蝉、斑潜蝇：在温室或露地开始可以悬挂3~5片诱虫板，以监测虫口密度，当诱虫板上诱虫量增加时，每亩地悬挂规格为25厘米×30厘米的黄色诱虫板30片，或25厘米×20厘米的黄色诱虫板40片即可，或视情况增加诱虫板数量。②防治种蝇、蓟马：每亩地悬挂规格为25厘米×40厘米的蓝色诱虫板20片，或25厘米×20厘米的蓝色诱虫板40片即可，或视情况增加诱虫板数量。

使用时间。在虫害发生前使用，时间越早越好，作物生育期坚持使用，效果最佳。

悬挂方向。采用“Z”形分布或与行向平行均匀分布；东西向放置的黄板、蓝板诱虫效果优于南北朝向。

注意事项。①当黄板、蓝板上粘虫面积达到60%以上时，粘虫效果下降，应及时清除粘板上的害虫或更换黄板、蓝板，当黄板、蓝板上粘胶不粘时也要及时更换。②色板在大棚中应用效果较好，在露地作物上应用由于受天气、虫量等因素影响，效果相对较差，在害虫发生量较大的情况下，只能减少害虫发生量，不能完全控制害虫，还需配合化学药剂来控制害虫危害。

3.防虫网应用技术

防虫网是以防老化、抗紫外线的聚乙烯为原料，经拉丝制造而成的网，具有拉力强度大、抗热、耐水、耐腐蚀、耐老化、无毒无味等特点。防虫网是人工构建的害虫隔离屏障，将害虫拒之于网外，从而起到防治害虫、保护作物的目的。

防虫网使用方法。将防虫网覆盖在大棚通风口，或直接覆盖在棚架上，进行全棚覆盖。如果是小拱棚，可将防虫网直接覆盖在播种后的拱架上，一直到采收。

主要技术要点。①覆盖前进行土壤消毒和化学除草，这是防虫网覆盖栽培的重要配套措施，目的是杀死残留在土壤中的病菌和害虫，阻断害虫的传播途径。防虫网四周要用土压实，防止害虫潜入产卵；要随时检查防虫网有无破损情况，及时堵住漏洞和缝隙。②选择适宜规格的防虫网。要根据栽培作物、当地主要害虫类别、害虫发生季节等因素，选择适宜幅宽、孔径、颜色的防虫网。根据当地实践，推荐使用40~60目，幅宽1.0~1.2米的防虫网，覆盖于放风口处。③喷水降温。防虫网虽然防虫效果好，但白色防虫网在气温较高时，网内气温、地温较网外高1 ℃左右，会给瓜类蔬菜生长带来一定影响，因此，7~8月份高温季节，可增加浇水次数，以湿降温。

4.无纺布应用技术

无纺布具有重量轻，柔软，易于造型，不怕腐蚀，不被虫蛀，通气性好，不变形，不粘连等优点，可以使用2~3年。在生产中的主要作用有保温、节能、防霜冻；降湿、防病；调节光照，遮光降温；防大风、暴雨、冰雹及虫害等。

做保温幕帘。保护地栽培应用农用无纺布保温幕帘，可起到阻止滴露直接落到作物的叶茎上引发病害，以及潮湿时吸潮、干燥时释放水分的微调节作用，预防由保护地设施露滴引起的灰霉病、菌核病和低温冻伤引起的绵疫病、疫病等，兼用于防虫，可起到类似防虫网的作用，还有良好的保温、防霜冻作用。

做二道幕覆盖。在冬季、早春与晚秋，常用在设施的外膜下，做二道幕覆盖，起保温防滴的作用。白天拉开，增加棚室的透光度，释放已吸收的湿气；晚上至清晨拉幕保温、防滴、吸潮。也可直接浮面覆盖应用在冬季、早春与晚秋保护设施或露地栽培作物上，可达到保温、防霜冻、促进生长、辅助避虫等效果。

注意事项。①无纺布要选择相对重量轻的，透光相对较好，可以随着作物生长而抬起的。②露地覆盖在作物上的无纺布注意不要被风吹掉。③大棚内的浮面覆盖尽量做到日揭夜盖，增加作物的光合作用。

5.银灰膜避害控害技术

银灰膜反光性强，故能增强地上光照，特别是还具有驱避蚜虫的作用，从而减轻病毒病危害，成为驱蚜虫专用膜。西瓜生产中覆盖这种地膜能减少植株上的蚜虫数量，并使蚜虫发生期向后推迟，起到避病作用。但后期西瓜封行后，驱避蚜虫的作用会降低。

做地膜。铺膜前应根据墒情，在瓜沟内灌足底墒水，一般以土壤手攥成团，落地即散开为宜。地面稍干后做畦（垄），要打碎土块，清除畦面秸秆、残根、石块、硬草等，以防扎破地膜。先在畦（垄）的两侧各开一条深约7~10厘米的浅沟，然后将卷在光滑木轴上的地膜捆从畦的一头（上风头）将膜展开，先在畦头用土压牢，后向畦另一头滚动展开地膜，随展随在两侧压土，注意地膜两边要拉平拉紧，使其紧贴垄面，不留空隙，压于畦两侧

压膜沟内，一般压10厘米宽，并用脚踩实，以防被风吹开；到另一头时，再将断开的地膜在畦头压牢即可。在整个操作过程中，尽量勿损坏地膜，一经发现破口，应立即用土封住，但不要压土太多。如图4–15所示。

图4–15　银灰膜做地膜

田间悬挂。将银灰色地膜裁成宽10~15厘米的膜条悬挂于大棚内作物上空，高出植株顶部20厘米以上，膜条间距15~30厘米，纵横拉成网眼状。也可将网眼状银灰色地膜条悬挂在温室大棚的通风口。

6.植保机杀虫防病技术

多功能植保机集植保机、殖保机、值保机、智保机于一体，可用于农业设施中病虫害防治，实时监测使用环境的温湿度、光照强度，并可以扩展监测其他参数（比如土壤温湿度、二氧化碳浓度）。并将检测的数据上传到服务平台，最终通过用户手机的APP展现出来。同时可以远程用手动控制设备的风机、臭氧、诱虫灯动作。也可以通过设置定时控制，使设备按照设置的时间自动工作，实现自动消毒、灭菌、杀虫的功效。设备安装便捷，操作简易，采用物理化学方法杀菌防病、除臭、灭虫。配有加热管，极端天气可临时加温防治冻害。无污染，无残留，能降低农药及人工成本，增加收益，是农业病虫害的克星。如图4–16所示为多功能植保机。

防病。植保机产生的臭氧，通过高速大流量风机及特殊风道

图4-16　多功能植保机

能快速均匀地扩散到温室大棚的整个空间。当臭氧达到一定浓度时，就能分解细菌和真菌的细胞壁，破坏它们的DNA，使其代谢和繁殖遭到破坏，达到杀灭病菌的目的，从而防止作物病害的发生。

防虫。植保机根据害虫发育不同时期的特点，分别采用物理和化学方法灭虫。当臭氧达到一定浓度时，其强氧化性会氧化害虫的细胞膜，导致细胞死亡，从而有效杀灭害虫的卵和幼虫；另外，植保机下部设有黄色、蓝色的引虫灯，利用害虫的趋光性吸引害虫飞近后，高速旋转的风机产生的吸力把害虫吸入植保机内，害虫在较高浓度臭氧及极高压强的植保机内被杀死，再定期由虫尸仓口排出。

防治冻害。植保机配有1 000瓦的加热管（可选配不同功率的加热管，满足不同地区的需要），遇极端低温天气，可临时加温防治冻害，延长生育期，提高产量。

注意事项。一般天气情况下是不需要使用加热管的，不使用加热管时能耗很低，每天运行两小时仅需半度电。植保机安装便捷，操作简单，只需按照要求在温室大棚或畜禽舍中挂好，插上电源即可自动控制；物理防病、杀菌、除臭、除虫，无污染，无残留，可降低农药及人工成本，增加收益。

7.趋味诱杀防虫技术

趋味诱杀，是根据害虫的趋化性，把害虫诱集杀死的一种方法。其方法简便易行、投资少、效果好，不仅能减少生产的用药成本，还能减少产品农药残留量，提高产品的质量，是发展绿色杀虫的主要技术措施之一。

（1）糖醋液诱杀。糖醋液具有配制简单、应用范围广等优点，糖醋液诱杀技术已在害虫防治上得到广泛应用。瓜菜生产中为害瓜菜的害虫种类很多，较严重的主要为蓟马、实蝇、蚜虫及地下害虫等。

糖醋液配制与使用。利用糖6份、醋3份、白酒1份、水10份调匀，在此基础上加入50%二嗪磷1份，或45%吡虫啉微乳剂与30%灭蝇胺可湿性粉剂 1∶1混配药剂的糖醋液诱杀效果最好。将糖醋液用木棒搅拌均匀后，容器以红色或黄色为好，装好后悬挂在瓜田周围树的中、上部，以不受遮挡为准。4月中旬至7月下旬为防治的关键时期，可防治金龟子与蛾类等害虫。害虫多时，3天即可填满容器，满后倒掉重换糖醋液，糖醋液不能直接倒入土壤，要埋入地下。

注意事项。①糖醋液是靠挥发出的气味来诱引害虫，盛装糖醋液的容器口径越大，挥发量就越大，容器口径以10厘米左右为宜。②如果害虫对颜色有一定的辨别能力，那么利用容器的颜色来诱引就可以起到双重的效果。③糖醋液须挂于无遮挡处，且须挂在当地常刮风向的上风，或注意经常按风向移动容器的位置。④随时捞出虫体，添加或更换糖醋液。

（2）毒饵诱杀。毒饵制作与使用。可以将菜籽或麦麸放入锅中炒香，将炒好的菜籽或麦麸放在桶中，然后将温水化开的敌百虫倒入桶中，闷3~5分钟，于傍晚将毒饵分成若干小份放于田间，用于诱杀地老虎。也可每亩用鲜杂草30~40千克，先切成2厘米左右的小段，再拌入90%晶体敌百虫50克或2.5%敌百虫粉剂500克，拌匀后于傍晚撒施，也可诱杀地老虎。利用果实蝇成虫的趋化性，用香蕉皮、菠萝皮或煮熟发酵后的南瓜或甘薯40份与90%敌百虫晶体0.5份、香精油1份调成糊状毒饵，直接涂于瓜棚竹篱上或盛装在容器内诱杀成虫（20个点/亩，25克/点）诱杀。如图4–17所示为麦麸炒香拌药诱杀。

图4–17 麦麸炒香拌药诱杀

注意事项。①把毒饵投放于田间，最好放于防潮塑料上，以便不用时及时收起来。②毒饵不能接触瓜苗，以免产生药害。③毒饵投放于安全地方，以免对鸟类和牲畜造成危害。④用敌百虫做成的毒饵尽量不要与碱性农药混用，以防失效。

（3）杨、柳枝诱杀。杨、柳枝使用方法。杨、柳树枝中含有某些特殊的化学物质，对烟青虫、棉铃虫、黏虫、斜纹夜蛾、银纹夜蛾等多种害虫具有诱集作用。将新鲜的杨、柳枝（长约60厘米、直径约1厘米）放置1天，使其萎蔫，然后每8~10根捆成一把，于傍晚插放在田间，基部一端绑一根木棍，每亩插5~10把枝条；第二天早晨用塑料袋套在枝把上捕蛾，并将枝把收回，洒上水保湿，防止叶片脱落，傍晚再重新插入田间，杨、柳枝一般每隔10天左右更换一次。也可将杨、柳枝蘸90%敌百虫300倍液，以提升诱杀效果。

注意事项。①一般从树龄比较高大的杨树或柳树上，选取2年生的枝条放至萎蔫后再使用。②插把后，在棉铃虫羽化期间，必须坚持每天清早扑捉，枝把每10天左右更换一次。③这种方法对于一家一户和小面积土地使用的效果很差，不宜采用。④每当黎明之前，蛾子多在树枝条内潜伏，应在一早未出太阳时即检查、抖动枝条。⑤使用时，坚持每天洒水保持湿润，使枝叶不干枯。

（4）堆草诱杀。使用方法。选择地老虎喜食的灰菜、刺儿菜、苦荬菜等杂草堆放诱集幼虫。在瓜苗定植前，选择傍晚将鲜草均匀地堆放在地头，每亩放80~100堆，每堆面积0.1平方米，第二天清晨翻开草堆，捕杀幼虫，连续5~7天，即可将大部分幼虫杀死，草堆一般每隔3~4天更换一次，日晒干枯后可泼一点清水，以提高诱捕效果；也可在嫩草鲜菜叶中拌入杀虫剂毒杀幼虫。

注意事项。①次日清晨拣草堆下的幼虫，逐堆搜捕。②及时洒水，保持草堆湿润。③堆放时间应选择在瓜苗定植前效果最好。

（5）泡桐叶或蓖麻叶诱杀。使用方法。地老虎幼虫对泡桐叶或蓖麻叶具有趋性。可取用新鲜泡桐叶或蓖麻叶，用清水浸湿后，于傍晚放在瓜田地头，泡桐叶按每亩80~100张，蓖麻叶按每亩20~30张，次日早晨在天刚亮至太阳升起之前，取出泡桐叶和蓖麻叶，人工捕杀幼虫，既方便又有效。如果将泡桐叶先放入

90%晶体敌百虫150倍液中浸透，再放到地头，可将地老虎幼虫直接杀死，药效可持续7天左右。结合第一次中耕除草，将泡桐叶和蓖麻叶翻埋在地里，10天后就腐烂成有机肥。

注意事项。①每日清晨到田间捕捉幼虫。②对高龄幼虫也可在清晨到田间检查，发现有断苗，拨开附近的土块，进行捕杀。③选用新鲜泡桐叶或蓖麻叶，用清水浸湿后使用。

8.果实套袋防病技术

设施厚皮甜瓜栽培过程中，由于棚室内湿度大，果面病害时有发生，若采用化学方法防治，又会在果面形成药斑和增加农药残留量，严重影响果实的商品性和安全性。为此，将果实套袋技术应用于设施厚皮甜瓜生产中，经多年试验和创新，取得了很好的效果，生产的甜瓜不仅果皮光洁，颜色鲜艳，商品性好，而且农药污染少，深受消费者欢迎，提质增效效果显著。

适宜季节。设施厚皮甜瓜以春季早熟和秋季延迟栽培应用套袋技术为宜，越夏栽培果实套袋因袋内高温高湿易诱发病害，一般不宜采用。

品种选择。设施甜瓜套袋后，因果实表面光照减弱，影响其光合作用和干物质积累，在一定程度上导致果实含糖量降低。因此，生产上最好选择含糖量高的光皮类型品种进行套袋栽培。网纹类型品种套袋后常因袋内高温高湿影响网纹形成，造成商品性下降，应慎用。

套袋选择。袋子要求成本低、不易破损、对果实生长无不良影响。按材质分为纸袋和塑料袋两种。纸袋由新闻纸、硫酸纸、牛皮纸、旧报纸或套梨专用纸等做成，塑料袋多采用透明塑料袋。套袋大小可根据果实大小确定，以不影响果实生长为宜。使用前将制作或购买的套袋底部剪去一个角，使瓜体蒸腾的水分可以散失到空气中，避免袋内积水，以减少病害。一般白皮类型甜瓜对纸袋透光性要求不严格，各种类型套袋均可选用，而黄皮类型甜瓜最好选用新闻纸、硫酸纸袋或透明塑料袋等透光性好的袋子，否则果皮颜色会变浅。

套袋时间。套袋一般在甜瓜开花授粉后10天左右，即果实坐住后进行。套袋过早，容易对幼瓜造成损伤，影响坐瓜；套袋过晚，套袋的作用和效果会降低。套袋前1天可在设施内均匀喷一遍保护广谱性杀菌剂。套袋应选择晴天上午10时以后，棚室内无露水、瓜面较干燥时进行，避免套袋后因袋内湿度过大引起病害发生。

套袋方法。应选择坐果节位合适（一般以12~14节为好）、瓜形端正、没有病虫害的果实进行套袋。套袋前，应把瓜蒂上的残花摘除，以免残花被病菌侵染后感染果实。套袋时先用手将纸袋撑开，然后一手拿纸袋，一手拿瓜柄，把纸袋轻轻套在果实上，再用双手把袋口向里折叠并封口，用曲别针或嫁接夹等固定，以防袋子脱落。套袋时一定要小心谨慎，动作要柔，尽量不要损伤果实上的茸毛。套袋后在田间管理操作过程中应注意保护袋子，避免造成破损。

套袋后的管理。甜瓜套袋后，果实因与外界隔离，不易感染病虫害，植保方面以保护叶片为主，一般在生长期喷洒各种复合杀菌剂即可。甜瓜生长期温度管理和水肥管理同常规。

脱袋时间。一般应在甜瓜成熟前5~7天脱去袋，以促进糖分积累。黄皮类型甜瓜品种最好在瓜成熟前7天左右脱去袋，以免影响果皮着色。含糖量较高的白皮品种，可在甜瓜成熟后随瓜一起摘下，待装箱时把袋脱去即可。

9.空气消毒技术

空气消毒技术，切合预防为主，综合防治的植保方针，优质独到。空气消毒可以在病原菌传播阶段就将其杀灭，广谱高效，特别适用于白粉病、灰霉病、霜霉病等暴发性强、依靠空气传播的病害。成本低，省工省力。每亩棚室每次仅需4~5元，省工省力，安全性高，无残留。

空气消毒片消毒。空气消毒片每片约1.3克，每亩棚室每次用30片左右。晴天通风正常时，可每周熏棚一次。遇到阴天、浇水、病害发生时，应增加使用次数，可2~3天使用1次。间隔10米左右，设置一个水瓶，加入50毫升30~50 ℃的温水，然后投入4~6片空气消毒片。投放药剂时，应从棚内向棚外依次进行，动作迅速，避免吸入消毒气体。反应后剩余的液体要带出棚外处理，不能洒到棚内。放棚前使用，第二天正常通风。一般晴天通风正常时，病害发生较少，可每周熏棚1次，预防效果就很好。遇到阴天、浇水、病害发生时，应增加使用次数，可2~3天使用1次。如图4-18所示为空气消毒片消毒。

图4-18　空气消毒片消毒

空气消毒机消毒。当空气消毒机工作时，紫外线照射空气里面的细菌及病毒等微生物，这些微生物体内的DNA的成分就会被破坏，细菌以及病毒等微生物就会死亡或者繁殖的能力丧失。该设备适合棚室空气消毒使用，可有效降低西瓜、甜瓜叶部气传病害的发生，具有免耗材、无二次污染，能够对空气进行净化杀菌和消毒，还具有联网功能。如图4-19所示。

图4-19　空气消毒机消毒

五　饵剂诱杀防治

1.草木灰杀虫

草木灰含有丰富的碳酸钾等有机矿物质，具有较好的防治效果，主要用于防治种蝇、根蛆、蚜虫、金龟子等害虫。每亩用干草木灰50千克左右，先施于种植沟或穴内，待播种或定植后再覆土，或将干草木灰经研磨过筛后于早晨露水未干时喷施于害虫为害部位，每亩用10千克左右，用于防治根部地下害虫。用4千克左右的干草木灰加水20千克，浸泡24小时左右，取滤液喷洒，可有效地防治蚜虫、黄守瓜等瓜类害虫。

2.辣椒液杀虫

取新鲜辣椒50克，加30~50倍清水，加热半小时，取滤液喷洒，或取辣椒叶加少量水捣烂后去渣取原液，将7份原液与13份水混合，再加入少量肥皂液搅拌喷雾，可有效防治蚜虫、地老虎、红蜘蛛等害虫。

3.葱蒜制剂杀虫

取大蒜、洋葱各20克混合捣烂，用纱布包好，放入10千克水中浸泡24小时，取出纱包，此药液可有效防治甲壳虫、蚜虫、红蜘蛛等害虫。

4.烟草液杀虫

用烟草1千克切碎，先用10千克开水加盖闷泡，待水降到25 ℃时搓泡软的烟草，直到无浓汁时再放入另10千克温水中搓，这样反复三遍后将30千克烟草水混匀后进行茎叶喷雾，可防治蚜虫、蝇蛆等害虫。

5.蓖麻叶杀虫

取鲜蓖麻叶适量，捣汁后加水4倍左右，浸泡12小时后喷洒叶面，每亩用药液50千克左右，或将蓖麻叶晒干后研粉拌土撒施，可防治蚜虫、菜青虫、蝇蛆、金龟子、小菜蛾、地老虎等多种害虫。

六 免疫诱抗剂应用

1.氨基寡糖素应用技术

植物免疫诱导技术为作物病虫害防治提供了一条新的有效的途径。大多数情况下，诱导抗病性是非特异性的，具有多抗性、整体性、相对持久性和稳定性。生产上使用较多的诱抗剂是氨基寡糖素，其作为一种诱抗剂，具有分子量小、吸收快、活性高、高效、低毒、无残留、绿色环保的特点，其诱导的植物抗性组分均是植物的正常成分，对人、畜安全，且长期或者多次诱导不会使植物产生特异性的抗药性。使用氨基寡糖素，充分诱导植物自身的免疫防御功能，促进作物健康生长，降低病害发生概率和程度，减少化学农药使用，符合绿色植保和绿色防控的要求。

使用次数。氨基寡糖素无论是单独使用还是组合使用，在连续施用2次后的效果好于仅施用 1 次的效果，有的甚至在连续施用3次后才表现出最佳效果。

使用时期。通常情况下，用于病害控制，单独使用氨基寡糖素应在作物出苗、真叶完全展开后即开始施用；组合使用时，在病害发生初期进行施用，也可根据预测预报在病害发生前进行预防处理。

使用方法。①浸种：防治枯萎病，播种前用0.5%氨基寡糖素水剂400~500倍液浸种6小时。②灌根：防治枯萎病、青枯病、根腐病等根部病害，用0.5%氨基寡糖素水剂400~600倍液灌根，在发病初期每株灌200~250毫升，间隔7~10天灌一次，连用2~3次。③喷雾：防治霜霉病，用2%氨基寡糖素水剂500~800倍液，在初见病斑时喷一次，每隔7天喷一次，连用3次；防治病毒病，用2%氨基寡糖素水剂300~400倍液，苗期喷一次，发病初期开始，每隔5~7天喷一次，连用3~4次；防治蔓枯病，用2%氨基寡糖素水剂500~800倍液，在发病初期开始喷药，每隔7天喷一次，连喷3次；防治土传病害，每平方米用0.5%氨基寡糖素水剂8~12毫升，兑水成400~600倍液均匀喷雾，或兑细土56千克均匀撒入土壤中，然后播种或移栽，发病严重的田块，可加倍使用。

注意事项。①避免与碱性农药混用，可与其他杀菌剂、叶面肥、杀虫剂等混合使用。②喷雾6小时内遇雨需补喷。③为防止和延缓耐药性，应与其他有关防病药剂交替使用。④宜从苗期开始使用，防病效果更好。⑤一般作物安全间隔期为3~7天，每季作物最多使用3次。

2.苯并噻二唑（BTH）应用技术

苯并噻二唑能够诱导植物产生抗性，这种抗性是通过激活植物体内防御酶活性、病程相关蛋白的产生、保卫激素的产生等途径实现。这一途径与人们发现的病原物调节系统获得抗性（SAR）相类似，目前，BTH在欧洲已进行了登记，用于防治多种作物的病害。

使用方法。30~70毫克/千克的BTH对瓜类的霜霉病的诱抗效果较好，处理后3天诱抗效果可达65%~70%，并可持续9天以上；用75毫克/千克的BTH来诱导甜瓜的抗病性，其对白粉病和细菌角斑病防治效果可达60%，可以显著减轻和推迟生长期病害的发生，降低损失；用100毫克/千克BTH喷雾瓜类，对蔓枯病的抗病效果较好。使用过程中，同其他常规药剂如甲霜灵、代森锰锌、烯酰吗啉等混用，不仅可提高BTH的防治效果，而且还能扩大其防病范围。

注意事项。① BTH作为植物抗病激活剂，应当在病菌侵染前施药于作物，方能起到保护作用。②在使用过程中要特别注意使用浓度，以防产生药害。③BTH应用效果因使用时期和作物种类的不同而有所不同，应根据不同作物选择合适的剂量和使用时期。

3.水杨酸应用技术

水杨酸（SA）在植物抗病反应中作为信号分子，当植物受到病原微生物侵染后，会诱发水杨酸的形成，同时在被侵染部位以局部组织迅速坏死的方式来阻止病害的扩散，即发生过敏性反应。在一定时期内，当该植物体内再次经受同种病原微生物侵害时，不仅是侵染部位，未侵染部位也获得了对此种病原及一些类似病原的抗性，即产生系统获得性抗性，同时形成致病相关蛋白抵抗病原微生物，提高抗病能力。

使用方法。用70毫克/千克水杨酸喷雾可诱导瓜类对烟草花叶病毒抗性；用145毫克/千克、250 毫克/千克水杨酸喷雾可诱导瓜类对炭疽病、霜霉病抗性；用150毫克/千克水杨酸处理对灰霉病的诱抗效果可达67.66%，持效期为10~15天。

注意事项。①水杨酸外源使用时，在植物体内迅速转化，故不能被有效利用。②在浓度较大时对多数作物均有毒性，易引起药害，应严格控制使用剂量。③考虑到水杨酸的稳定性和活性，实际应用中使用的大多是其衍生物。

七 生态控制技术

1.种间伴生防病技术

（1）伴葱栽培防根结线虫技术。近年来，随着保护地瓜果类蔬菜连年重茬种植，各地根结线虫病已大量发生。一般造成减产20%~30%，严重的减产50%以上，甚至基本绝收。利用大葱与其伴生栽培，能有效降低根结线虫的发病率，同时能减少根腐病、白绢病、枯萎病等病害的发生。该技术可有效防控根结线虫的危害，又能有效减少杀线虫药剂的使用，降低成本，减少环境污染。如图4–20所示为伴葱栽培。

播期的确定。由于大葱出苗较慢且苗期时间较长，一般情况下大葱要比主栽作物提前播种2~3个月，但应根据不同茬口略有调整。

大葱定植方法。大葱要求株高在10~15厘米。冬、春茬一般上午定植，秋茬一般下午定植。先开沟浇水，水渗后开始栽苗，同时在幼苗的两侧5~8厘米的位置各栽葱苗2棵，然后覆上地膜，定植第2天浇1次缓苗水，要浇足浇透。

定植后管理。定植后温度和水肥管理按照常规生产进行。葱苗随着主栽蔬菜的生长而生长。瓜类蔬菜生长的速度远大于大葱，故大葱不会影响吊蔓栽培瓜类的生长；而对于爬地栽培瓜类而言，应定期割去地上部大葱，促使其重新生长，以防影响瓜类作物的生长。

注意事项。①在种植过程中，由于苗期时间长，大葱应提前2~3月播种。②在使用该技术时，其他病虫害防治必须按常规方法进行。

图4-20 伴葱栽培

（2）伴茼蒿栽培防枯萎病技术。枯萎病是瓜类的主要病害之一，严重时可导致西瓜绝收。相关研究表明，茼蒿根系的分泌物对西瓜枯萎病具有显著的抑制作用。通过前作种植或间种茼蒿，可有效防止枯萎病的发生。

种植方法。将西瓜与茼蒿同穴育苗，或瓜秧苗在4叶1心定植的同时，在搭架两垄甜瓜秧苗的外侧，距瓜秧苗35厘米处，开深5厘米的沟，播种茼蒿，瓜秧苗两边各1行；也可在定植穴的四周，每株西瓜套作2~6棵茼蒿，一般距西瓜根部8~12厘米。为增加预防效果，可前茬种茼蒿，后茬西瓜与茼蒿伴生种植。

定植后管理。定植后温度和水肥管理按照常规生产进行。茼蒿出苗后划破地膜放苗出膜，待茼蒿长到20厘米左右时，为减少茼蒿和瓜类争光、争肥和争水的矛盾，可将茼蒿拦腰截断，以保持茼蒿根系分泌物的作用。

注意事项。①茼蒿种子的播种深度比甜瓜苗浅一些，播种要均匀，覆土轻轻压实。②茼蒿长到20厘米左右时，及时将其割下铺在甜瓜种植的垄间，待自然腐烂后，翻入土壤。③为不影响瓜类生长，茼蒿与瓜类定植要保持一定距离。

2.轮作防病技术

轮作是在同一块土地上，按一定的年限，轮换栽种几种性质不同的作物，统称“换茬”或“倒茬”。轮作是合理利用土壤肥力，减轻病虫害的有效措施，也是提高劳动生产率和设备利用率的重要措施。轮作防治病虫的主要原理是利用寄生与非寄生作物的交替，切断了那些离开寄生作物便不能长期存活的专性寄生病虫的食物链，使其找不到生存的宿主，就会转移或者死亡。另外，合理轮作，将大大减少田间杂草基数。

轮作原则。①同科或同类作物不能连作，这类作物一般病虫害可以相互侵染，而且作物生长发育所需的养分也相似，这样对于土壤和作物都是不利的。②根系分布或者深浅不同的作物可以进行连作，作用就是均衡不同土层的养分。③不同作物的分泌物有相互促进的影响时，将它们进行连作就可以有效地防止土传病菌的积累。

轮作模式。瓜类与前后茬作物的安排也有区别。如东北、西北一年只栽一季瓜，前茬以牧草、小麦和休闲地为佳；在枯萎病的高发地区以水稻做西瓜的前茬，对防病有利；华北一年两熟耕作区，瓜的前茬以玉米、谷子为最好，花生、大豆因地下害虫多不宜做前茬。在南方一年三熟耕作区、平原地区多以水稻为前茬，或与小麦、油菜、蚕豆等越冬作物套种；丘陵地区多以土豆、玉米为前茬进行轮作。其中以水、旱轮作，西瓜与大蒜、大葱等作物轮作效果较好。

注意事项。①选择与瓜类不同科的作物进行轮作，可以使病菌失去寄主或者改变生活环境，达到减轻或者消灭病虫害的目的。②根据作物吸收土壤养分程度和根系分布深浅不同进行轮作，能充分利用土壤养分，降低肥料成本。③轮作后注意调节土壤酸碱度，增施有机肥，以减少对后茬作物的影响。

3.间作套种防病虫害技术

农作物间作套种是一项时空利用技术，能充分利用季节、土地、气候等条件，提高复种指数，实现农作物一年多熟种植，高产高效。在农业生产上，根据农作物之间相生相克的原理进行巧妙搭配、合理种植，可以有效减轻一方或双方病虫害发生的可能，不仅大大减少了化学农药的使用，降低了农产品的生产成本，促进了农产品增产、提质、增收，还保护了我们赖以生存的自然生态环境。

与玉米套种。一般播种期选在当地瓜幼果已经坐住，距果实成熟20天左右定植玉米；有条件的地方采取早熟小拱棚半保护地栽培效果更好；瓜采收后要抓紧清理瓜蔓，及时中耕除草，追施速效肥，促进玉米的生长；选择合理的套作密度。一般种植嫁接西瓜苗的行距为1.8米，株距为60厘米；在瓜苗行间距瓜根部30厘米和50厘米处各播1行玉米，玉米的行距为20厘米，株距为30厘米；在瓜畦中部保留80厘米的畦面，这样瓜蔓拔除后，玉米形成具有边行优势的宽窄行种植，能获较高的产量。该种植方式可利用玉米为瓜遮阴，减轻病毒病的发生。

与大蒜套种。在前一年秋作物收获后即施肥，整地，全园耕翻，按瓜行距要求留出0.7米预留行外，把栽种大蒜的蒜畦（1.2~1.3米）整细耙平后播种6行大蒜，播后覆膜，以促大蒜提早采收，缩短与西瓜的共生期。4月中下旬定植或直播西瓜，以早中熟品种为宜。一般亩植西瓜700株，大蒜3 000~4 000株。该种植方式大蒜播种早、收获早、植株较小，早春可挡风御寒，有利于瓜苗初期生长，同时，利用大蒜根系分泌物具有杀菌作用，可减少西瓜病虫害的发生。

与辣椒套种。西瓜在3月下旬播种育苗，4月中下旬定植，地膜覆盖或小拱棚双膜覆盖栽培，一般6月下旬至7月上中旬采收。辣椒采用耐热抗病品种湘研16号、开椒2号等。育苗播种期比西瓜晚20天左右，即4月上旬播种育苗，6月上旬定植（苗龄60天，开始显蕾）。套种方式有两种：一是在西瓜植株南北两侧地膜畦边上各定植1行辣椒，株距与西瓜相同（1 400~1 500株/亩）；另一种是在瓜畦间部分定植2行辣椒，每亩3 500株。7月份西瓜收获拉秧后辣椒即进入采收盛期。

与甘薯套种。当西瓜苗长到团棵期开始进行扦插，在晴天下午或者阴天栽种，注意不要踩到西瓜苗。甘薯和西瓜套种可采用小垄，即两棵西瓜苗中间栽种一棵红薯；或采用大垄作业，在垄面一侧栽种西瓜，在另一侧和中央栽种两行甘薯；也可在大垄中央一行栽种西瓜，浇水方式为在中央铺设滴灌设施，大垄面两侧栽种两行甘薯。甘薯秧苗定植距西瓜苗30~35厘米，株距为15~20厘米，密度保证在每亩2 000~2 500株，甘薯与西瓜共生期间，在自然条件下对西瓜无干扰，除了对西瓜防治病虫害和肥水管理外，对甘薯无须另行管理。西瓜收获后要立即铲除瓜秧，保护薯苗的生长，同时注意防涝，并及时防治病虫害。

注意事项。①合理安排茬口，西瓜间作、套种形式多种多样，但由于各地生态条件、生产条件、种植习惯和技术水平不同，应因地制宜地选择茬口。②合理安排播期，采用提前播种或推迟播种、育苗移栽等措施，尽量利用西瓜和套种作物的时间差，以缩短共生期。③合理配置种植方式，充分利用空间。④选择合理的主、副作密度，确定种植密度的主要依据是西瓜与间、套作物对光照的要求，不可过密。⑤合理施肥，调节生长，套种西瓜一般比单种西瓜施肥多，特别要注意增施有机肥。⑥科学使用农药，在病、虫、草害的防治上要兼顾不同作物。

4.无土栽培防病技术

无土栽培是指不用天然土壤而用基质或仅育苗时用基质，在定植以后用营养液进行灌溉的栽培方法，可节约土地。由于无土栽培可人工创造良好的根际环境以取代土壤环境，有效防止土壤连作病害及土壤盐分积累造成的生理障碍，充分满足作物对矿质营养、水分、气体等环境条件的要求，人工配制的培养液供给植物矿物营养的需要，成分易于控制。该技术可人工创造良好的根际环境，具有节水、省肥、高产、清洁卫生无污染、省工省力、易于管理、避免连作障碍等优点。如图4-21所示为无土栽培。

图4-21　无土栽培

栽培方式。

沟培。最简单的一种无土栽培方式。在畦面按需挖土沟，宽1.3~1.5米，高0.2~0.5米，其上铺一层塑料膜，填充基质后即可。

垄培。比较简单实用，适用于规模生产。方法为在地面平放宽约35厘米的水泥板或筑成高3~5厘米的土埂，上铺90~120厘米宽的黑色薄膜，然后放上基质，成为宽约30厘米、高约12厘米的基质垄。靠瓜苗根部铺放塑料滴管来施营养液，然后把垄两边的薄膜包起，用大头针别牢，即成垄培床。

槽培。成本较高，适用于工厂化生产。由栽培木床架、栽培槽和定植板构成。床架由扁铁、钢管和镀锌铁皮等焊接和连接而成，床底和床壁垫聚苯板，上铺一层塑料薄膜，即成栽培槽。定植板为2~2.5厘米厚的聚苯板。一般栽培床长15~20米，宽30~35厘米，株距根据种植密度确定。除此之外，槽培还有贮液池、循环供液系统等。

基质。基质使用前需消毒，常用消毒方法有蒸气消毒、剂消毒和利用太阳热能消毒。消毒前草炭应粉碎。炉渣粉碎后还应过筛（直径1~6毫米），冲水降低pH值，蛭石的直径应在3毫米以上，锯末、作物秸秆等应事先堆沤发酵。常用基质主要有：

有机基质。草炭、锯末、树皮、稻壳、稻草、作物秸秆等。

无机基质。沙、蛭石、陶粒、岩棉、珍珠岩、炉渣等。

有机–无机基质。它是目前生产上应用最多、管理最方便的一种基质，生产上常用的有：蛭石+草炭，1∶1混合；锯末+草炭，1∶1混合；蛭石+草炭+锯末，1∶1∶1混合；蛭石+草炭+珍珠岩，1∶1∶1混合；草炭+沙，1∶3混合；炉渣+草炭，3∶2混合；炉渣+锯末，2∶3混合。

栽培技术要点。

营养液配制。营养液配方有多种，可选用日本园试、山崎、静冈大学、龙山等配方。一般苗期用0.5个剂量，始花期用1个剂量，果实发育后期可用1.2个剂量，还要根据气温高低进行增减。低温时应加大浓度，高温时应降低浓度。营养液的配制可用井水或自来水，要求清洁无污染，水的硬度以不超过10度为宜。营养液管理要定期测定电导率EC，然后进行调整，补充到原来的浓度，电导率常在2~2.2之间，营养液的pH值为5.5~6.5较适宜。

品种选择。西瓜一般选择瓜形较小，早熟、特早熟品种，甜瓜选择经济价值高的、有网纹、品质好、抗湿抗病或外观风味独特的高档品种。

种植密度。根据植株的生长势确定种植密度，原则是通风透光不荫蔽，一般以1 600~1 800株/亩为宜。

整枝、留果。一般吊蔓栽培，单蔓整枝，留1瓜。在主蔓的第12~14节的子蔓上留瓜，进行人工授粉，坐瓜节位以下全都及早摘除，坐瓜子蔓留2~3叶摘心，坐瓜节位以上的侧蔓也全部摘除，主蔓26~28片叶时摘心。主蔓用竹竿或尼龙绳引缚。瓜用尼龙网托衬，以防坠落。

注意事项。①水质要求严格，使用的水必须经过净水机处理。②根据农作物生长，配置合适的营养液，配置营养液要考虑到化学试剂的纯度和成本。③可以用的基质有很多，应根据当地情况进行选择。尽量用在本地丰富易得、价格低的基质。

5.环境调控防病虫害技术

一般寄主植物和有害生物对环境条件的要求是有所不同的，人们可以通过栽培措施调节温室或大棚内的空气和温湿度，改善光照条件等，创造一个有利于作物生长而不利于有害生物发生发展的环境条件，达到减轻病虫危害的目的。

温湿度调控。在温室大棚等保护设施条件下，根据不同瓜类蔬菜对温湿度的要求及病害发生规律，合理调节温湿度可以达到减少病虫害的目的。如大棚的变温管理，即在早上出太阳后通风一小时排出湿气，然后密闭棚室，使温度升高至28~32 ℃，但不超过35 ℃。同时增加光合作用，提高植株的抗性，能抑制白粉病等病害的发生。中午时放风使温度保持在20~25 ℃，湿度保持在65%~70%，使棚顶无水滴、叶面无露珠，此时温度虽然有利于病害发生，但低湿度又抑制了病菌的孢子萌发。关闭大棚后湿度上升到80%以上，但夜温在11~12 ℃。选择晴天上午浇水，浇后密闭棚室，使温度升至35 ℃时适当闷棚，然后再放风排湿，使叶面无水滴。同时，掌握“三不浇三浇三控”技术，即阴天不浇晴天浇，下午不浇上午浇，明水不浇暗水浇；苗期控制浇水，连阴天控制浇水，低温控制浇水。

叶面微生态调控。大部分病原真菌喜欢酸性环境，可通过向叶面喷施一些碱性物质，改变寄主表面微环境，抑制病菌的发生发展。如在白粉病初发时在叶面喷500倍的小苏打液，三天一次，连续5~6次即可防止白粉病的蔓延，同时小苏打还能分解出二氧化碳供作物吸收，提高产量。

高垄栽培调控。采取高垄栽培，垄高20厘米以上，地膜将温室露天部分全扣，浇水在膜下暗灌，冬季只浇小沟，水面不能漫过垄面，每天注意放风，将棚室湿度控制在90%以下，可有效降低土传病害的发生概率。

土壤营养调控。瓜类作物根系多分布在地表25厘米以内的浅土层内，吸收能力弱。大量施用有机肥可使土壤疏松、肥沃、富含有机质，为作物根系提供充足的N、P、K、Zn、Ca等多种营养元素，维护土壤小环境生态平衡。同时，施用腐熟粪肥可减少瓜地蛆、蛴螬等地下害虫。

植株调控。掐头去老叶保花保果，植株一般长到25~28片叶时，在顶瓜上留2片叶子后“掐头”，摘除过早萌生的侧枝和植株下部的老叶、病叶，既能促进结瓜，也可控制因植株旺长而出现的早衰。

第五部分　绿色防控科学用药技术

一 农药的选择

应按照农药产品登记的防治对象和安全使用间隔期选择农药；严禁选用国家禁止生产、使用的农药；选择限用的农药应按照有关规定；不得选择剧毒、高毒农药；施药前应调查病、虫、草和其他有害生物的发生情况，对不能识别和不能确定的，应查阅相关资料或咨询有关专家，明确防治对象并获得指导性防治意见后，根据防治对象选择合适的农药品种。病、虫、草和其他有害生物单一发生时，应选择对防治对象专一性强的农药品种；混合发生时，应选择对防治对象均有效的农药；在一个防治季节应选择不同作用机理的农药品种交替使用；应选择对处理作物、周边作物和后茬作物安全的农药品种；应选择对天敌和其他有益生物安全的农药品种；应选择对生态环境安全的农药品种；必须选择国家正式注册的农药，不得使用国家有关规定禁止使用的农药；尽可能地选用那些专门作用于目标害虫和病原体、对有益生物种群影响最小、对环境没有破坏作用的农药；在植物保护预测预报技术的支撑下，在最佳防治适期用药，提高防治效果；在重复使用某种农药时，必须考虑避免目标害虫和病原体产生抗药性。

二　科学精准用药技术

1.选用对路的农药品种

根据不同作物不同病、虫、草害正确选择所需农药品种，做到对症下药，是取得良好防治效果的关键。否则，不仅效果差，还会浪费农药，耽误防治时机，给农业生产造成损失。

2.适时用药

不同发育阶段的病、虫、草害对农药的抗药力不同。在病害方面，病原菌休眠孢子抗药力强，孢子萌发时抗药力减弱。在虫害方面，一般3龄前幼虫抗药力弱，提倡3龄前用药，效果较好。在草害方面，杂草在萌芽和初生阶段，对药剂较敏感，以后随着生长抗药力逐渐增强。所以，在使用农药时必须根据病、虫、草情及天敌数量调查和预测预报，达到防治指标时及时用药防治。

3.严格掌握用药量

农药标签或说明书上推荐用药量一般都是经过反复试验才确定下来的，使用中不能任意增减，以防造成作物药害或影响防治效果。

4.喷药要均匀周到

现在使用的大多数内吸杀虫剂和杀菌剂，以向植株上部传导为主，很少向下传导，因此喷药时必须均匀周到，不重喷，不漏喷，刮大风时不要喷，以保证取得良好的防治效果。

5.坚持轮换用药

农药在使用过程中不可避免地会产生抗药性，如果一个地区长期单独使用一种农药，将加速其抗药性的产生。为此，在使用农药时必须强调合理轮换使用不同种类的农药以延缓抗药性的产生，提高农药使用寿命。

6.合理复配混用农药

复配、混用农药时必须遵循的原则：两种或两种以上农药混用后不能起化学变化。因为这种化学变化可能导致有效成分的分解失效，甚至可能会产生有害物质，造成药害。比如：有机磷类、氨基甲酸酯类、菊酯类杀虫剂和二硫代氨基甲酸衍生物杀菌剂均对碱性条件较敏感，不能与碱性农药或物质混用；有机硫杀菌剂大多对酸性比较敏感，不能与酸性农药混用。

田间混用的农药物理性状应保持不变。若农药混合后产生分层、絮状或沉淀，这样的情况下就不能混用。另外，若混合后出现乳剂破坏、悬浮率降低甚至结晶析出，这样的情况下也不能混用。因此，农药在混用前必须先做可混性试验。混用农药品种要求具有不同的作用方式和兼治不同的防治对象，以达到农药混用后扩大防治范围、增强防治效果的目的。混剂使用后，农副产品的农药残留量应低于单用药剂。

7.改进施药技术

循环喷雾。对常规喷雾机具进行重新设计改造，在喷洒部件的相对一侧加装药物回收装置，将没有沉积的靶标植株上的药液收集后抽回药液箱，循环利用，可大幅度提高农药有效利用率。

低量喷雾。单位面积上施药量不变，将农药原液稍微稀释，用水量相当于常规喷雾技术的1/5~1/10，此技术提高了作业效率。

静电喷雾。指通过高压静电发生装置，使雾滴带电喷施的方法。静电喷雾可使药液雾滴在叶片表面的沉积量显著增加，可将农药有效利用率提高到90%。

喷粉施药。宜采用国产丰收5型或10型手摇喷粉器。施药前先关闭大棚或温室，而后按每亩喷粉1千克计量，把农药装入喷粉器药箱中，排粉量调在每分钟200克左右。晴天宜在早晨或傍晚施药，阴天和雨天全天都可以喷药，喷药均匀对空即可，不宜对着作物喷药。

三 药害与预防

1.造成药害的原因

施用药剂过量。有些农民存在着用药越多、防效越好的错误观念，使用时不看说明，不相信推荐剂量，往往成倍增加用量，造成药害。

错用农药。对农药保存不善，造成农药标签脱落或模糊不清；农药经营者业务素质差，给农民拿错药，农民在使用时又不注意认真核对，造成错用农药。

盲目混配农药。科学合理地进行农药混配，可扩大防治范围，提高药效，减少施用次数；但如果混用不当，轻则会失去药效，重则引起药害问题。

土壤残留。在土壤中持效期长、残留时间久的除草剂易对轮作中敏感的后茬作物造成伤害。

缺乏农药基本知识。许多农民不了解农药的性质，不分杀菌剂、杀虫剂、除草剂，也不管适用于哪种作物，只要是农药即用于防治，造成作物受害。

雾滴挥发与飘移。农药，特别是除草剂，在喷洒过程中，小于100微米的药液雾滴极易挥发并随风飘移，致使邻近被污染的敏感作物受害。

施药机械性能不良或作业不标准。多喷头喷雾器喷嘴流量不一致、喷雾不匀、喷幅联结带重叠、喷嘴后滴等，造成局部喷药量过多，使作物受害；背负式喷雾器采用圆锥喷头，左右摆动，蛇形前进，造成重喷，增加药量，造成药害。另外，药剂配制时，不进行二次稀释，使高浓度的药液集中在喷杆内，造成先喷出的药液浓度高，易出现药害。

施药时间不当。各种作物在不同生育期对农药的敏感程度不同，使用不当，可造成药害。

药械清洗不净。喷药后药械未进行彻底清洗，又在其他敏感作物上使用，常发生药害。

异常不良的环境条件。有的农药需要一定的环境条件，如果环境条件不适，就可能造成药害。

2.药害的预防

在生产中，瓜类对很多药剂敏感，特别是在苗期，比较容易产生药害，尤其是夏天，一旦用错药剂，或者没有把握好用药时期，轻则出现黄化、失绿、卷叶、落叶等药害表现，重则绝收。如在瓜类苗期使用辛硫磷，瓜苗受害症状表现为叶片变厚、浓绿，或者出现坏死斑点，瓜苗的茎蔓出现直立、生长缓慢、茎叶硬脆、非常容易折断的现象；在瓜类苗期使用溴氰菊酯，受害症状表现为叶色浓绿、变厚、叶缘上卷严重、生长点停滞、不出现新叶的现象。

要严格按照药剂使用说明进行施药。禁止随意加大药剂用量，缩短使用间隔期等。用药前一定要阅读药剂标签，易产生药害的药剂在标签中往往会有说明。

科学合理搭配。要根据不同药剂的理化性质，合理搭配，尽量在大规模应用之前进行预实验，确认使用情况。

根据植株自身情况施药。不同作物对不同类型药剂的敏感性不同，而同一种作物不同发育时期对药剂的敏感性也不同，所以要根据作物的类型和长势增减药的倍数。比如瓜类苗期发生白粉病时，可以使用的药剂有吡唑醚菌酯、代森锌、代森锰锌等，如果使用唑类药剂，可以按照推荐浓度的低剂量使用，谨防一不小心用量过大发生药害。

高温时用药谨慎。夏季温度高，药剂的影响加重，更容易出现药害，有的人为了增强用药效果或方便一次操作，将几种药剂混合，使药剂浓度增加或者药剂部分成分发生反应，更容易出现药害。因此，夏季高温建议减少混用，注意用药时间，尽量选择上午10时以前和下午3时以后，切忌在临近中午的高温强光下用药，以免发生药害。

3.药害的补救措施

当田间发生药害时，要及时分析产生药害的原因，采取相应补救措施。必须针对农药性质及药害轻重程度，采取有效措施进行抢救。

喷水洗药。若是叶片和植株喷洒药液引起的药害，且发现得早，药液未完全渗透或吸收到植株体内时，可迅速用大量清水喷洒受害植株，反复喷洒3~4次洗药，以减少黏附在作物表面的毒害物质。并配合追肥松土，促使根系发育，可使作物迅速恢复正常生长。

及时通风。对有害气体积累以及使用烟雾形成的药害，要加强通风，增加通风时间，保证空气流通，减少药害，将损失降到更低。

追肥促苗。如叶面已产生药斑、叶缘焦枯或植株焦化等症状，喷水、灌水、洗药根本无效，可随水冲施肥料及复合甲壳素有机水溶肥料，强化植株根系，促进植株快速恢复生长，还可以向叶面喷施磷酸二氢钾及中微量元素等，减轻药害程度。

灌水降毒。对一些土壤施药过量和一些除草剂引起的药害，可适当灌排水或灌水洗药降毒，这样可减轻药害程度。

摘除受害处。如果药害严重的话，可以酌情摘除受害的果实、枝条、叶片，防止植株体内药剂继续传导和渗透。

使用植物生长调节剂。根据引发药害的农药性质，采用不同的处理方法减轻药害。如喷施过量多效唑后，可通过喷施赤霉素缓解。一般情况下，可通过使用复合甲壳素、芸苔素、海藻素等进行叶面喷施，来缓解药害。

四 安全施药与防护

1.注意安全间隔期

安全间隔期是指用药至收获上市之间的时间。为了避免农产品收获后农药残留超标，要根据农药安全使用标准，掌握各种农药在适用作物上的安全间隔期。

2.施药中的个人防护措施

配药或施药过程中，必须穿戴必要的防护用品，如防护服、口罩、手套等；施药期间，不准饮食和抽烟；施药人员在上风口位置施药，不要穿梭于已喷过药的作物行间；不要用嘴去吹堵塞的喷头，应用牙签、草秆或水来疏通；每天施药时间不能超过6小时，施药后应及时做好个人清洁卫生，用冷水或温水及肥皂洗脸洗澡，及时清洗手、脸等暴露部分的皮肤及防护器上的药液。

3.施药后的管理

剩余或不用的农药应分类贴上标签送回库房，放在儿童拿不到的地方。盛药器械应倒出剩余农药，洗净后存放。清洗药械的药水和剩余药液，不能倒入池塘和附近水域。施药后田间5~7天不进行排灌操作，同时防止水渗漏。施药后的田块，要树立警告标志，提醒人们在一定时间内不要进入，以免引起中毒。

第六部分　主要病虫害全程绿色防控技术

一 土传病害

土传病害是指以土壤为介质进行传播的真菌、细菌和病毒等病原体，在条件适宜时发生在植物根部或茎基部的病害，是为害西瓜、甜瓜的主要病害。一般情况下，发病后即便将前茬作物全部铲除，也难以防治，病菌藏在土壤中越冬，有害菌大量繁殖，营养元素缺乏，后茬作物生长受到影响，病害越来越严重。生长前期一旦发生病害，幼苗根腐烂或是茎腐烂猝倒，幼苗很快就会死亡；生长后期发生病害，一般年份减产20%~30%，严重年份减产50%~60%，甚至绝收。西瓜、甜瓜主要土传病害种类主要有枯萎病、立枯病、猝倒病、疫病、根腐病、蔓枯病、菌核病、根结线虫病等。

1.农业防治

合理轮作。西瓜、甜瓜最长连作2~3年，与其他作物（非瓜类）进行3~4年以上的轮作，恶化病菌生存环境，控制病菌基数，其中以与葱、蒜或水稻等作物轮作更有效。

清洁田园。前茬收获后，彻底清除病株残体及杂草，并带到棚室外销毁或深埋。

耕层土壤降盐。前茬收获后揭膜淋雨，或前茬作物拔蔓后，种植生育期短的水果型玉米或普通玉米，或西瓜、甜瓜定植生产前，将土壤深翻40厘米以上。

增施有机肥。每公顷施用腐熟的优质厩肥40~45立方米和复合微生物肥料15~30千克。起垄定植高畦栽培，畦面龟背形，沟深15~20厘米，沟宽40厘米。

高垄定植。高畦栽培，畦面龟背形，沟深15~20厘米，沟宽40厘米；缓苗后，操作行每隔15~20天中耕一次，深度15~20厘米。中耕后，覆盖地膜，或生产行用地膜覆盖，操作行用秸秆覆盖。

2.物理防治

种子消毒。包衣种子晾晒3~5小时后直接播种。未包衣种子晾晒3~5小时后用清水浸泡20~30分钟，再将种子放入50~55 ℃的温水中，不断搅拌15~20分钟，待水温降至35 ℃时停止搅拌，继续浸泡4~8小时，捞出种子，沥干水分即可播种。

嫁接栽培。砧木品种选用免疫或高抗土传病害、抗逆性强的黑籽南瓜或白籽南瓜，主栽品种做接穗。

太阳能消毒。棚室休闲高温季节，在棚室内南北方向做波浪式垄沟，垄呈圆拱形，下底宽50厘米，高60厘米，全部覆盖塑料薄膜，四周密封，密闭棚室及通风口，持续8~10天后，将垄变沟、沟变垄后继续覆膜密闭棚室8~10天。保持棚室50厘米深，土壤温度45 ℃以上。

土壤熏蒸。棚室休闲高温季节，清理残茬和病残体，然后旋耕土地25~30厘米，灌水至30~40厘米土层，充分湿润（土壤湿度为60%~70%），将棉隆、碳酸氢铵和石灰氮其中之一均匀撒施于土壤表面，用旋耕机旋耕混匀，或者用二甲基二硫注入地表下15~30厘米深度的土壤中，注入点间距约30厘米，每孔用药量2~3毫升，将注药穴孔踩实，或者用威百亩稀释75倍液沟施于土壤中，覆盖地膜，四周密封，密闭棚室及通风口，持续一定天数后揭膜放风7~10天，期间松土1~2次，确保土壤中无毒气残留后，通过安全性测试，可正常移栽。

土壤深翻。深翻整地主要是在进行土壤整理时加深土层的耕耘深度，以增加土壤的保墒保水能力。一般在9~12月，秋季作物收获后，在霜降前后（封冻、封地前）除去前茬作物的病残体，进行整地时需要对土地进行深翻处理，以帮助土壤存储秋季和冬季的雨水和雪水，提高土壤的御寒效果。经冬季冻晒，多积雨雪，土壤风化、分解，病虫害减少，增加土壤的透气性。一般情况下，深翻土地25~30厘米，种植沟深翻35~45厘米为最佳。深翻后不要耙平，让土壤进行长期裸露冻晒，这样经过一段时间，基本上可以杀灭土壤中的病菌。直到种植前10天再进行一次旋耕耙平。

基质高温消毒。将100~120 ℃的高温蒸汽通过基质或肥料，消毒40~60分钟，或将混有空气的水蒸气在70 ℃时通入基质，处理1小时，可消灭几乎所有病菌和虫卵。当对基质及肥料消毒要求不太高时，也可采用日光暴晒的方法进行消毒。方法是先在基质或肥料上喷少量清水或氨水，再用塑料薄膜将待消毒的材料封严，置阳光下暴晒，视日光强度而定，一般2~3天即可完成。经处理后不但杀灭了基质或肥料中的病菌及虫卵，而且增加了有机质及矿物质的有效性。

3.化学防治

基质消毒。用36%~40%福尔马林加水50倍稀释均匀泼洒在翻晾的基质上，用量为每平方米25千克，密闭3~6天，摊晾约2周即可使用。也可用40%福尔马林500毫升/米^{3}均匀浇灌，用薄膜密闭1~2天，揭膜后摊晾7~10天即可。

育苗器具消毒。可用福尔马林或0.1%高锰酸钾溶液喷淋或浸泡消毒。

药剂防治。田间发病初期，根据不同病害种类采取喷雾或灌根方法进行防治。猝倒病可用722克/升霜霉威盐酸盐150~200克/亩或38%甲霜·福美双500~760克/亩灌根，或100亿枯草芽孢杆菌1 500~2 000克/亩拌土撒施；立枯病可用哈茨木霉菌2 700~4 000克/亩或54.5%噁霉·福美双500~760克/亩灌根，或60%硫黄·敌磺钠400~2 400克/亩拌成毒土撒施，或30%甲霜·噁霉灵喷雾防治；枯萎病可用30%甲霜·噁霉灵1 000~1 500倍液或3%氨基寡糖素500~800倍液灌根；蔓枯病可用30%苯甲·嘧菌酯30~40毫升/亩，或40%氟硅唑7.5~12.5毫升/亩，或22.5%啶氧菌酯40~50克/亩喷雾防治；根腐病可用20%二氯异氰尿酸钠或30%甲霜·噁霉灵1 000~1 500倍液灌根，或50%氯溴异氰尿酸40~50克/亩喷雾防治；疫病可用50%烯酰吗啉15~20克/亩，或72%霜脲·锰锌8~12克/亩或500克/升氟啶脲12~15克/亩喷雾防治；菌核病可用80%嘧霉胺37.5~45克/亩，或50%异菌脲75~100克/亩，或40%异菌·氟啶胺40~50毫升/亩喷雾防治；根结线虫病可用10.5%阿维·噻唑膦160~190 毫升/亩或10%噻唑膦1 000~2 000克/亩冲施，也可用35%威百亩20~30千克/亩，或用98%棉隆20~35千克/亩，或用碎麦草或玉米秸秆与石灰氮按9：1的比例800千克/亩熏蒸。

二 气传病害

气传病害是一类非常重要和常见的农作物病害，以真菌类病原为主，病原菌经由空气及气流传播，真菌孢子被风吹落，散入空中做较长距离的传播，也能将病原物的休眠体、病组织或附着在土粒上的病原物吹送到较远的地方进行传播，具有传播速度快、发生范围广，引起病害暴发性强、病害成灾严重的特点。为害西瓜、甜瓜的主要气传病害主要有霜霉病、白粉病、灰霉病、炭疽病、叶枯病等。

1.农业防治

清除田间病残体；施用堆肥、腐熟的有机肥，不用带菌及含有植物病残体的肥料；采用高畦地膜覆盖栽培，降低棚内湿度，抑制子囊孢子释放，减少菌源；棚室上午以闷棚提温为主，下午及时放风排湿，发病后可适当提高夜温以减少结露，早春日均温控制在29 ℃高温，相对湿度低于54%，防止浇水过量。

2.物理防治

臭氧灭菌。在棚室内放臭氧发生器，把臭氧集中施放于棚内，施放臭氧，可将蔬菜表面、根茎的害虫、虫卵、病毒等杀灭。施放时间以10分钟为宜。如在棚室种植前，可连续施放2小时，以预防气传病害的发生及蔓延。目前，生产上常用多功能植保机，该设备也可以通过设置定时控制，使设备按照设置的时间自动工作，实现自动消毒、灭菌、杀虫的功效。设备安装便捷，操作简易，使用物理化学方法杀菌防病、除臭、灭虫。配有加热管，极端天气可临时加温防治冻害。无污染，无残留，可以降低农药及人工成本，增加收益，是设施农业病虫害的克星。

空气消毒。当紫外线杀毒机工作时，紫外线照射空气里面的细菌以及病毒等微生物，这些微生物体内存在的DNA的成分就会被破坏，细菌以及病毒等微生物就会死亡或者丧失繁殖能力。该设备适合棚室空气消毒使用，可有效降低西瓜、甜瓜叶部气传病害的发生。该方法免耗材、无二次污染，能够对空气进行净化杀菌和消毒，紫外线杀毒机还具有联网功能。

硫黄熏蒸。一般发病前和发病初期，在棚室内采用硫黄熏蒸可有效预防气传病害。具体方法：距地面1.5米处悬挂熏蒸器，间距12~16米，硫黄用量20~40克，不要超过钵体的2/3，以免沸腾溢出；在熏蒸器上方40~60厘米高度设置直径不超过1米的遮挡物，一般每次不超过4小时，熏蒸时间为晚上6时至10时。熏蒸结束后，保持棚室密闭5小时以上，再进行通风换气。

3.药剂防治

发病初期及时用药防治。霜霉病可用72.2%普力克水剂800倍液，或72%克露可湿性粉剂750倍液，或银发利600倍液，或58%甲霜·锰锌300倍液喷雾；白粉病可用25%乙醚酚800倍液，或50%醚菌酯3 000倍液，或4%朵麦可水乳剂1 500倍液喷雾；炭疽病可用70%甲基托布津800倍液，或80%炭疽福美800倍液，或10%世高（苯醚甲环唑）2 000倍液喷雾；叶枯病可用70%甲基托布津可湿性粉剂800倍液，或10%苯醚甲环唑水分散颗粒剂3 000~6 000倍液，或50%咪鲜胺可湿性粉剂1 000~1 500倍液喷雾；灰霉病可用65%甲霉灵可湿性粉剂400倍液，或50%苯菌灵可湿性粉剂500倍液，或40%施加乐悬浮剂600倍液，或50%速克灵可湿性粉剂600倍液喷雾。对气传病害发病前期可用45%百菌清烟剂200~250克/亩，分放4~5个点进行烟熏。

三 种传病害

种传病害是指病原物潜伏于种子内部或粘附于种子表面，随种子的扩散而传播的病害。其对农业生产的直接危害性是造成新生植物体发病，间接危害性可为田间作物提供再侵染源，导致病株生活力下降，从而影响产量，使严重感病的植株死亡；大部分植物病原真菌、细菌以及病毒均可与寄主植物建立起营养与寄生关系，使植物感病。为害西瓜、甜瓜的种传病害主要包括细菌性果斑病、黄瓜绿斑驳花叶病毒病等，由于目前繁种过于集中及各地种子间的频繁调运，这两种病害日益严重，已上升为西瓜、甜瓜的主要病害。下面重点介绍细菌性果斑病的综合防治技术。

1.加强检疫

加强西瓜、甜瓜种子检疫，杜绝带菌种子随调运进行传播。

2.种子消毒

用苏纳米对种子进行消毒处理，具体方法：配制1.25%的混合消毒液，用塑料纱网袋或将散种子倒入盛装消毒液的塑料大桶中浸泡，并不停地搅动种子，使种子充分消毒，15分钟后将种子捞出，用水充分冲洗后平摊在塑料纱网上进行晾晒；或用杀菌1号药剂200倍液处理种子1小时，彻底水洗，然后催芽播种。

3.农业防治

注意清除病残体，及时将病株带出棚外，选择晴好天气下用消毒后的剪刀将子叶剪去，带出棚外进行深埋；起垄栽培、合理浇水，防止大水漫灌，注意通风排湿；加强田间管理，及时整枝以利于植株间通风透气；缩短植株表面结露时间，在露水干后进行农事操作。

4.药剂防治

在发病前或发病初期，可选用乙蒜素1 000~2 000倍液，或中生菌素20~30克/亩，或氯溴异氰尿酸1 000~1 500倍液，或春雷王铜500~750倍液，或春雷霉素170~175毫升/亩，或可杀得1 500~2 000倍液，或喹啉铜30~40毫升/亩等药剂交替喷施防治。

四 雨水传播病害

植物病原细菌中的游动孢子和真菌中的分生孢子多半由雨水传播，在保护地内凝集在塑料薄膜上的水滴以及植物叶片上的露水滴下时，也能够帮助病原物传播。雨水传播病害普遍存在，为害西瓜、甜瓜的种类以细菌性病害为主，主要包括青枯病、溃疡病、角斑病、叶枯病、叶缘枯病等。雨水传播病害防治方法主要有以下几种。

1.种子消毒

用50 ℃温水浸种20分钟，捞出晾干后催芽播种，也可以用碳酸钙300倍液浸种1小时；或用40%福尔马林150倍液浸种1小时，捞出晾干后催芽播种；或用种子量的0.3%敌磺钠拌种。

2.农业防治

培养壮苗，要尽量减少植株伤口，特别是移栽时，不能伤根，抹芽打杈时，也应该选择晴天；控制种植的环境条件，降低大棚温湿度；避免长期连作，保持田间地势平整；平衡施肥，避免偏施氮肥。

3.化学防治

发病前可选用33.5%喹啉铜悬浮剂1 000倍液，或30%碱式硫酸铜悬浮剂400~500倍液防治；发病初期可选用20%噻菌铜600倍液，或20%叶枯唑600倍液，或47%春雷王铜（加瑞农）可湿性粉剂800倍液，或新植霉素3 000~4 000倍液进行防治，每7天喷1次，连续喷2~3次。

五　介体传播病害

介体传播是指病原物依附在其他生物体上，借其他生物体的活动而进行的传播及侵染。生物介体有时也是某些病原物的越夏的场所，介体传播的病害主要是植物病毒病，其次是细菌、真菌病害等；为害西瓜、甜瓜的介体传播病害以病毒病为主，且病毒病在各地西瓜、甜瓜产区均有分布，发生普遍，发病率为5%~10%，严重时可达20%，对西瓜、甜瓜产量和品质影响较大，甚至导致其绝收。介体传播病害防治方法主要有以下几种。

1.清除杂草，清洁田园

田间杂草是西瓜、甜瓜病毒的重要寄主，清除杂草、清洁田园是种植西瓜、甜瓜过程中不容忽视的农业措施。

2.种子消毒

将种子于70 ℃热处理144小时，能有效去除种子携带的病毒，且不影响种子萌发；用10%磷酸三钠处理种子3小时，或用3.65克/升盐酸处理种子30分钟，均能获得很好的防治效果。另外，将种子先经过35 ℃处理24小时、50 ℃处理24小时，72 ℃处理72小时，然后逐渐降温至35 ℃以下约24小时，也可减轻病害的发生。

3.诱导抗病性

可通过施用BTH（苯并噻重氮）200倍液或腐植酸肥料等措施，提高植株抗病性；还可以接种弱毒苗，以交叉保护的方式减轻病害。

4.防止介体昆虫传毒

防虫网是防治蚜虫最简单有效的措施，覆盖50~60目的防虫网能够有效地阻止蚜虫进入温室或大棚，减轻蚜虫传播的病毒病。银灰膜可有效驱避蚜虫，蓝色对瓜蓟马、黄色对蚜虫和烟粉虱最有吸引力，可在温室或大棚内悬挂蓝色或黄色粘板。

5.遮阴保湿

采用与高秆作物如玉米、棉花、辣椒等间作套种进行遮阴；利用在瓜行间撒麦秸、草等对地面保湿；高温干旱条件下，可以通过在瓜行间灌水以保持地面湿度。

6.化学防治

发病初期可用1.5%植病灵Ⅱ号乳剂1 000~1 200倍液，或3.85%病毒必克水乳剂500倍液，或0.5%抗毒丰水剂200~300倍液，或0.5%氨基寡糖素水剂600~800倍液，或8%宁南霉素水剂750倍液，或4%嘧肽霉素水剂200~300倍液等喷雾防治。

六 地下害虫

地下害虫是指生活在土壤中，主要为害植物的地下部分和近地面部分的一类害虫，其生活周期长，多潜伏在土中，不易被发现，主要为害作物的种子、幼芽、根茎，造成缺苗、断垄或使幼苗生长不良。为害西瓜、甜瓜的主要地下害虫主要有蝼蛄、蛴螬、地老虎、金针虫、根蛆等。

1.农业防治

土壤深翻。封冻前1个月，深耕土壤35~40厘米，使地下害虫

（卵）裸露地表，冻死或被天敌啄食，也可随耕拾虫。通过翻耕，破坏害虫生存环境，减少虫口密度。

清洁田园。前茬作物收获后，及时清除秸秆、杂草，将减少害虫产卵和隐蔽的场所。

灌水灭虫。水源条件好的地区，在冬季灌水淹没越冬虫、蛹，可收到事半功倍的效果。

合理施肥。使用充分腐熟的猪粪等有机肥，其具有腐蚀、熏蒸作用，有助于杀灭地下害虫。肥要均匀、早施、深施，不要暴露于地面，以减少种蝇等害虫产卵。

2.物理防治

黑光灯诱杀。利用蛴螬、地老虎、金针虫的成虫对黑光灯有强烈的趋向性，在田间安装太阳能频振式杀虫灯进行诱杀。近距离用光、远距离用波，加以诱到的害虫本身产生的性信息引诱成虫扑灯，灯外配以频振式高压电网触杀，使害虫落入灯下的接虫袋内，达到杀灭害虫的目的。

糖醋液诱杀。利用其对糖醋液的趋化性，在苗圃或田间设置糖醋液盆进行诱杀种蝇、蛴螬、地老虎等害虫成虫。糖醋液配方为红糖1份、醋2份、水10份、酒0.4份、敌百虫0.1份。

毒饵诱杀。可以将菜籽或麦麸放入锅中进行炒香，将炒好的菜籽放在桶中，然后将温水化开的敌百虫导入桶中，闷3~5分钟，于傍晚将毒饵分成若干小份放在田间，用于诱杀地老虎。利用蝼蛄趋向马粪的习性，在圃地内挖垂直坑放入鲜马粪诱杀，还可在田间栽蓖麻诱集蛴螬成虫金龟子。

毒草诱杀。选用一些新鲜的菜叶或者草，将它们剁碎切匀，在凌晨或者黄昏的时候，成堆地放置在田间地头，用以诱杀地老虎。毒草配置的方法是：将剁碎的菜叶或草堆，用50%辛硫磷乳油100克兑水约2.5千克，然后喷洒在毒草堆上。

毒谷诱杀。每亩用25%~50%辛硫磷胶囊剂150~200克拌谷子等饵料5千克左右或50%辛硫磷乳油50~100克拌饵料3~4千克，撒于种沟中，诱杀蝼蛄、金针虫、种蝇等害虫。

3.生物防治

捕食性天敌。金龟子的天敌有鸟、鸡、猫、刺猬等，蛴螬的天敌有食虫虻、金龟子、黑土蜂等；寄生蛴螬的天敌有寄生蜂、寄生螨、寄生蝇等；利用寄生蜂、步行虫等可防根蛆。

生物制剂。于低龄幼虫发生盛期，用苜核·苏云菌悬浮剂500~700倍液灌根防治地老虎；用卵孢白僵菌（每克含15亿~20亿个孢子）2.5千克，拌湿土70千克，于瓜苗幼苗移栽时施入土中，或用Bt乳剂（苏云金杆菌制剂）300克配制毒土施用，毒土亩用量为50千克左右，均可防治蛴螬、金针虫、蝼蛄等；用含荧光假单孢菌10亿个/毫升的根蛆净水剂300毫升灌根，或用苏云金杆菌可湿性粉剂 5~6千克，均可防治根蛆。

植物提取液。用蓖麻叶1千克，捣碎，加清水10千克，浸泡两小时，过滤，在受害区喷液灭杀蛴螬成虫金龟子，或将侧柏叶晒干磨成细粉，随种子或定植施入土中，可杀死蛴螬、金针虫、蝼蛄等地下害虫。

4.化学防治

化学防治必须符合国家对农产品安全生产的要求，常用药剂拌种、根部灌药、撒施毒土等措施。

药剂拌种。用90%晶体敌百虫800倍液或50%辛硫磷500倍液在播种前均匀喷洒在种子上，摊开晾开后即可播种。

根部灌药。苗期害虫猖獗时，可用90%敌百虫800~1 000倍液或50%辛硫磷乳油500倍液在下午4时后开始灌根；或用80%敌敌畏1 500倍液喷洒植株和根部周围，以杀死成虫和卵，以后每隔7~10天喷一次，连续用药2~3次。

撒施毒土。用50%辛硫磷乳油拌细砂或细土，在作物根旁开沟撒入药土，随即覆土，或结合锄地将药土施入，可防治多种地下害虫。

喷洒药液。于成虫盛发期，用1 000倍50%的辛硫磷乳油，或40%氧化乐果500倍液，或25%敌杀死1 800倍液进行喷药，可以杀死成虫。大面积防治金龟子成虫时，用50%的氧化乐果、辛硫磷乳油配成1∶1 000浓度水溶液进行喷洒，具有85%以上的杀虫率。

5.人工捕捉

当害虫的数量小时，可根据地下害虫的各自特点进行捕杀。幼虫期可将萎蔫的草根扒开捕杀蛴螬。傍晚放置新鲜的泡桐叶、南瓜叶片（叶面向下）于小地老虎的为害处，清晨掀起捕杀幼虫。清晨在断苗周围或沿着残留在洞口的被害枝叶，拨动表土3~6厘米，可找到金龟子、地老虎的幼虫。晚上可利用金龟子的假死性，进行人工捕捉，杀死成虫。检查地面，发现隧道，进行灌水，可迫使蝼蛄爬出洞穴，再将其杀死。

七　刺吸害虫

刺吸害虫是用尖嘴刺入植物茎叶内，吸取植物汁液，掠夺其营养，一般不影响植物外部形态的完整，但受其为害的器官常表现为褪色、发黄、卷曲、畸形、营养不良、萎蔫、叶片早期脱落，严重时整株枯萎死亡。这类害虫还造成植物出现伤孔和流出汁液，成为其病原微生物的侵入通道，而诱发其他病害的发生。另外，这类害虫还是植物病毒病的重要媒介。为害西瓜、甜瓜的刺吸害虫主要包括蚜虫、粉虱、蓟马、螨类、斑潜蝇等微小害虫，防治方法主要有以下几种。

1.农业防治

保持田间清洁，及时清理残株败叶、杂草；避免混栽育苗，切忌在有生长期植株的棚室内育苗，防止害虫侵染瓜苗。

2.物理防治

黄蓝板诱杀。幼苗定植后即悬挂黄色粘虫板，黄板下沿稍高于植株上部叶片，并随植株生长进行调整，可监测蚜虫、斑潜蝇、粉虱、蓟马等害虫的零星发生，也可起到诱杀成虫的作用。

防虫网阻隔。棚室栽培中，在棚室通风口和门窗处覆盖60筛目防虫网进行物理阻隔，及时清理残株败叶、杂草和自生苗。

3.生物防治

捕食性天敌。害虫种群数量低时，可以采用释放捕食性天敌进行生物防治。如以叶螨为优势为害种类的棚室内，选择释放智利小植绥螨，可有效控制害螨种群；粉虱类为主的棚室栽培中，可释放丽蚜小蜂；以蚜虫为主的棚室可释放蚜剪蜂；田间释放姬小蜂、反领茧蜂、潜蝇茧蜂等寄生蜂对斑潜蝇寄生率较高。

生物菌剂。通常防治蚜虫、粉虱和蓟马等害虫使用的真菌制剂有白僵菌、蜡介轮枝菌和玫烟色拟青霉，也可使用皂角液、植物种子油、植物源杀虫剂和生长调节剂等；利用阿巴丁和苏云金杆菌等可以防治斑潜蝇。

4.化学防治

药剂灌根。幼苗定植前可采用内吸杀虫剂25%噻虫嗪水分散粒剂3 000倍液或10%溴氰虫酰胺可分散油悬浮剂1 000倍液进行穴盘喷淋或蘸根，也可选择在幼苗定植后灌根处理（30~50毫升/株），可预防粉虱、蚜虫、蓟马、斑潜蝇等刺吸式口器害虫，或压低其种群发生基数，防效可达一个多月。

药剂喷施。在蚜虫、粉虱等害虫数量较低、发生株率在5%~10%时及时进行，可选用噻虫嗪、啶虫脒、螺虫乙酯等药剂。对于产生抗药性的蚜虫及烟粉虱，可选择喷施氟啶虫胺腈、呋虫胺等；以蓟马为主的田块可选择乙基多杀菌素、溴虫腈、甲维盐、噻虫嗪等药剂；防治叶螨可选择联苯肼酯、乙螨唑等；斑潜蝇对阿维菌素抗性较高，可选择灭蝇胺进行防治，按照推荐剂量施用。并注意轮换用药。

棚室熏烟。棚室内害虫种群数量大时，可选用22%敌敌畏烟剂250克/亩，或20%异丙威烟剂250克/亩等进行熏烟防治，在傍晚收工时将棚室密闭，把烟剂分成几份点燃，熏烟杀灭成虫。需要注意的是，必须严格按照烟剂推荐剂量使用，不可随意增施药量。

八　食叶害虫

食叶害虫的咀嚼式口器生有坚硬的上颚，主要为害健康植物。幼虫取食叶片，常咬成缺口或仅留叶脉，甚至全吃光。少数种群潜入叶内，取食叶肉组织，或在叶面形成虫瘿。为害西瓜、甜瓜的食叶害虫主要有斜纹夜蛾、菜青虫、黄曲条跳甲、黄守瓜等，防治方法有以下几种。

1.农业防治

定植前，进行翻耕，消灭土中潜伏的幼虫或蛹；及时清除田间杂草，减少成虫产卵场所；利用幼虫受惊易掉落的习性，在幼虫发生时将其击落，或根据地面和叶片的虫粪、碎片，人工捕杀幼虫。

2.物理防治

利用蛾类成虫的趋光性，在成虫发生期可设置频振式杀虫灯或黑光灯诱杀成虫，每40~50亩设置一盏；也可利用甜菜夜蛾、小菜蛾性信息素诱杀害虫。

3.生物防治

幼虫3龄前，可施用含量为16 000单位/毫克的苏云金杆菌可湿性粉剂1 000至1 200倍液，既保护各种天敌，又防止污染环境。

4.化学防治

幼虫3至4龄前，可喷施20%除虫脲悬浮剂3 000~3 500倍液，或25%灭幼脲悬浮剂2 000~2 500倍液，或20%米满悬浮剂1 500~2 000倍液等仿生农药。虫口密度大时，可喷施50%辛硫磷2 500倍液，或2.5%功夫菊酯乳油2 500~3 000倍液，或2.5%溴氰菊酯2 000~3 000倍液等药物，均有较好的防治效果。

九 钻蛀害虫

这类害虫钻蛀在叶片、茎秆和果实里面蛀食为害。它们钻入叶片为害，叶片可见钻蛀的隧道，造成叶片干枯死亡；或将茎、枝蛀空，使植株死亡；或钻蛀果实，造成果实脱落、腐烂，无商品性，如瓜绢螟、烟青虫、果实蝇等。防治方法有以下几种。

1.农业防治

冬季应深翻土壤，中耕灌水，清除杂草和病残体，消灭越冬蛹；及时摘除虫蛀果，集中深埋或烧掉。虫害发生严重时，在瓜类授粉后，将幼瓜套上纸袋避免成虫产卵，应注意幼瓜是未经虫侵害的。

2.物理防治

利用几种害虫成虫均有昼伏夜出和趋光趋化的习性进行诱杀。

杨树枝诱杀。剪取0.6米长左右的带叶杨树枝，稍晒软，每8~10根扎成一把，绑在小棍上，插于田间，每亩均匀插10~15把。每天早晨露水未干前用透明塑料袋逐个套住杨树枝把，捕杀成虫，每6~8天更换1次新枝把。

灯光诱杀。利用黑光灯、高压汞灯、频振式杀虫灯、太阳能杀虫灯等诱杀成虫，可每2~3公顷安装一盏灯，灯下置一含0.2%洗衣粉的水盆，诱杀成虫。

引诱剂诱杀。每个诱芯含人工合成性诱剂50克，穿于铁丝上吊在含0.2%洗衣粉的水盆上，诱芯距水面12厘米，每个诱芯可诱集35米以内的成虫，洗衣粉应隔天早晨更换1次。针对瓜实蝇可进行诱杀，使用时将诱杀器悬挂于1.5米高的瓜架上，每亩悬挂5个，发生量大时适当增加诱杀器数量。

气味趋避。利用成虫对磷酸二氢钾气味有忌避作用的特性，在越冬代成虫发生期对瓜田全面喷施，可减少害虫产卵量。

毒饵诱杀。用香蕉或菠萝皮40份，90%敌百虫0.5份，香精1份，加少许水调成糊状后，装入矿泉水瓶等容器中挂于瓜架的竹竿上，或于晴朗天气直接涂在瓜架的竹竿上，可有效诱杀瓜实蝇。

虫色板诱杀。可采用涂有黄油的色板诱杀瓜实蝇，使用时用绳悬挂于1.5米高的瓜架上，每亩地悬挂20~30张。

3.生物防治

捕食性天敌：在成虫产卵盛期释放赤眼蜂。具体方法：把即将要羽化的赤眼蜂成虫的蜂卡卷于中部瓜叶内，用细绳捆好，每亩释放2~3万头，所有蜂卡分5~8份均匀布点释放。

生物菌剂：在害虫卵孵化盛期至幼虫3龄前，间隔5~7天喷2次苏云金杆菌乳油（每毫升含活孢子100亿）250~300倍液，每次亩喷药液50~60千克；或3%茴蒿素乳油500倍液，连续喷雾2次，防治3龄前幼虫效果较好。

4.化学防治

应在产卵高峰期后3~4天至2龄幼虫期，即幼虫尚未蛀入果内之前喷药，以下午至傍晚喷药效果最佳。

昆虫生长调节剂。选用5%定虫隆乳油1 000倍液，或5%氟虫脲乳油或水剂2 000倍液，或5%伏虫隆乳油4 000倍液，或20%除虫脲胶悬剂1 500倍液喷雾。

拟除虫菊酯类农药。选用2.5%溴氰菊酯乳油2 000~2 500倍液，或2.5%高效氯氟氰菊酯乳油3 000~3 500倍液，或10%氯氰菊酯乳油2 000~2 500倍液，或5%顺式氯氰菊酯乳油2 500~3 000倍液，或20%氰戊菊酯乳油2 000~2 500倍液喷雾。

扫码看附录